DON'T LOOK

BACK THE FORMER

DON'T GIVE

IN THE FUTURE

从前不回头
往后不将就

小 午——著

台海出版社

图书在版编目（CIP）数据

从前不回头，往后不将就／小午著.—北京:台海
出版社，2018.9
　ISBN 978－7－5168－2072－8

　Ⅰ.①从… Ⅱ.①小… Ⅲ.①成功心理－青年读物
Ⅳ.①B848.4－49

　中国版本图书馆 CIP 数据核字（2018）第 192870 号

从前不回头，往后不将就

著　　者：小　午	
责任编辑：员晓博	装帧设计：天下书装
版式设计：天下书装	责任印制：蔡　旭

出版发行：台海出版社

地　　址：北京市东城区景山东街 20 号　邮政编码：100009

电　　话：010－64041652（发行，邮购）

传　　真：010－84045799（总编室）

网　　址：www.taimeng.org.cn/thcbs/default.htm

E－mail：thcbs@126.com

经　　销：全国各地新华书店

印　　刷：三河市人民印务有限公司

本书如有破损、缺页、装订错误,请与本社联系调换

开　　本：880×1230　　1/32	
字　　数：194 千字	印　　张：7
版　　次：2018 年 10 月第 1 版	印　　次：2018 年 10 月第 1 次印刷
书　　号：ISBN 978－7－5168－2072－8	
定　　价：38.00 元	

目录

1

不忘初心，是我们的坚守

2

每个轻松的笑容背后，都曾是一个咬紧牙关的灵魂

3

世界很残酷，你要活得有温度

4

愿你既有软肋又有盔甲

5

要把日子过得热气腾腾

6

按照自己喜欢的方式过一生

7 / 我想你会温暖如歌

8 / 从前不回头，往后不将就

9

你们是这世界给我的温柔以待

① 不忘初心，是我们的坚守

写一封信给五年后的自己

01

　　本来是想把这封信写给十年后的自己，但又总觉得十年太久了，久到不知道十年后的自己还能不能看到它，于是就干脆写给五年后的自己，毕竟五年不长也不短，刚刚好。

　　四年的大学生活已经告一段落，我最终踏出象牙塔的大门，走进期盼已久，却又担心不已的社会。在学校的时候，总是期盼着早点进入社会，早点挣钱养活自己，早点让老爸退休养老，但当社会的大门真的敞开在自己眼前的时候，却又感觉如此惴惴不安，生怕自己不能融入社会这个大群体，生怕自己身上残留的孩子气伤害了别人。也许人就是这样吧，小时候总希望自己快快长大，长大了又希望能够逐渐变回少年。

02

我最近总是在想一个问题：五年后的自己到底会是什么模样？会依然坚持不懈到近乎偏执地写着无人问津的文字吗？我没法回答这样的问题，但我希望答案是美好的。我一定会用行动去让结果变得美好和圆满。

五年后的自己，不知道会不会依然喜欢穿着一双不大不小刚刚好的小白鞋，插着耳机听着五月天的歌，独自一人背着蓝色双肩包去无人认识的城市走一走。五年后的自己，不知道会不会变成一个大腹便便，挺着个半圆形啤酒肚的男人；或者是一个笑起来满嘴黄牙，头发稀稀疏疏，穿着因身材发胖而略显窄小西装的三十岁大叔；又或者如今天梦想的那样成为一名挎着公文包，西装革履出入于高级写字楼的成功人士。

我不知道，五年后的自己会成为以上的哪一种人，我甚至不知道他还会不会想起当年午后榕树下，那个静静读着《小王子》的自己；更不知道他会不会变成一个终日抱着娃娃散步的中年奶爸。我不知道五年后的自己是好还是坏，但我想告诉他，即使世界再怎么变化，即使经历如何沧桑，我都希望你能保持一份热爱生活的心，一如当初那个视写字阅读为一生的青涩少年。

03

我希望五年后的你无论在哪里，都能是这般模样：

热爱生活，做一位合格的父亲与丈夫。即使工作再烦琐再烦心，都能在踏进家门的那一刻，将心中所有的不快全部扫除，微笑着面对家里的一切。周末如果有时间，多带着家人到公园散散步，去美的地方看一看，那并不会花费你大量的时间，反而会使你的生活变得更加美好。依然坚持写作与阅读。记得小时候我每次吵着嚷着不读书的时候，爷爷总会跟我说一句话，他老人家说："人呀，一辈子很长，一定要活到老学到老，人生才会有意思。"因此，我希望你将来无论多忙多累，都能在每天工作完以后，洗个热水澡，在孩子熟睡之后，一个人穿着松松垮垮的睡衣，静悄悄地走进书房，打开电脑，将心中的想法化为文字，享受一个人的时光。同样，我希望你的枕边能时常放着一本书，在你没有写文章的夜晚，泡上一杯热牛奶，打开未看完的书籍，安静地阅读一小时，然后沉沉地睡去。

我希望五年后的你，不管写作是否能给你带来金钱上的奖励，又或者名声上的传播，你都能把写作当作一件充满乐趣的事，视为一生的爱好。正如五年前的你所说的一样，为了感情而写，为了写而写。

坚持运动。我一直知道你不是一个很喜欢运动的人，但我还是衷心地希望你能在将来把运动视为生活中必不可少的一部分。希望你还记得大学时期那个因为在体育课上三千米跑第二名而激动不已的青年，希望你还记得当初沥青操场上那一圈圈奔跑的身影。

与人为善。五年后的自己，我希望你能改掉今天那个遇到不喜欢的人连跟他讲一句话的想法都没有的坏毛病。我希望你能知世故，但又不世故。我同样不希望你变得圆滑，相反我倒愿意你一如当初那般棱角分明，但你一定要懂，即使你不喜欢一个人，也要做到尊重别人，与人友善，不在私底下随意贬低别人，也不要瞧不起别人。

做一名受人欢迎的人很难，但我希望你能做到无论走到哪里，当别人提起你名字的时候，嘴角都能带着轻轻的微笑。

04

五年后的你，其实我对你真的有很多希望，但我又不希望你变得多么了不起，我只愿你能在世界的某个角落里，过着安稳的生活，做着自己喜欢的事。三五好友，两三知己，爱人陪伴，父母常在。我希望你不失童心，依然热爱生活，能够用心去体会生命中一点一滴的感动。

希望你能如当初的自己一样，看到路边求助的陌生人，会毫不犹豫地伸出援助之手，而不是变成一个冷漠的路人；希望你依旧能因为听到一句动人的话而潸然泪下，而不是变成一位铁石心肠满脸严肃的中年大叔；希望你依然喜欢听五月天的歌，希望你依然喜欢穿小白鞋，希望你依然如当初的自己一般，把好的继续延续，将坏的深埋土里。希望你一如当初的模样，时而矫情时而伤感，时而天真时而欢乐，无论经历多少沧桑与巨变，都能不失本真，继续前行。

五年后的你，我们不见不散。

是谁谋杀了你的大学

你是否也曾认为，大学就是青春的坟墓？

这些年，见过太多大学生上课扎堆玩手机游戏，一节课下来连老师是男是女都稀里糊涂的。下课后背着空空如也的双肩包，骑着自行车朝寝室方向飞去。到了寝室要么集体玩游戏，要么疯狂追剧。

在他们的世界里，从来没有什么作业，更加没有什么职业规划。未来在哪里谁都不知道，谁也不在乎。

在他们的脑海里，大学是什么？大学就是一个终于可以逃离高考无尽作业，离开父母老师的唠叨，到一个全新的环境肆意挥霍大量生活费与廉价青春的地方。他们经常挂在嘴边的一句台词就是：高考不过就是一场决定了你接下来四年要在哪里玩游戏、谈恋爱的普通考试而已。在他们的认知里，所有大学生都跟他们一样：迷茫、无聊、颓废、堕落……殊不知，在他们看不见的角落里，有很多学生在努力拼搏着，只是他们不知道，又或者不愿承认罢了。

02

记得大二那年开过一场班会，辅导员主持的。

当时班会的主题我到现在都记得一清二楚，叫作：你真的以为所有人的大学都跟你一样吗？辅导员之所以开这样一场主题鲜明，又带点教育意味的班会，是因为当时刚刚大二开学，整个专业都乱套了。

度过了大一的谨慎与好奇以后，所有人似乎都摸索出了大学的捷径，犹如鸟儿熟悉了森林后，开始肆意飞翔。他们发现原来考试只要临考前几天认真复习一下就能过，于是成堆的人开始逃课，宅在寝室睡懒觉或者玩游戏。最严重的时候，一个专业八十几个人，就只去了十几个人。这十几个人里面，认真抬头望着 PPT 的只有两三位女生。

他们忽然发现，什么学生会，什么社团组织，什么竞赛活动，统统没用。抽空去串个场，以后就再也不会去了。生活中，最能让他们体会到成就感的就只剩下宅在寝室玩游戏打扑克了。

03

印象特别深刻，当时辅导员为了唤醒堕落的我们，抽了几位同学回答一个问题：你认为的大学是什么样子的？

台下大部分人听到这个问题时都不觉笑了起来，我隔壁的一个同学拍了拍大腿，贴着我的耳朵说："又要给我们洗脑了。"

回答这个问题的同学中，绝大部分人都笑着告诉辅导员，大学就是尽情玩耍的地方。唯独有一位学霸，他提着嗓门说："我认为，大学首先还是一个让我们吸取知识的地方。其次才是玩，在玩中找到友谊，找到自己喜欢的事物。"他的这几句话，使在场所有人身上都起了鸡皮疙瘩，着实被吓了一跳。有人笑他装，有人说他傻，唯独辅导员给了他最热烈的掌声。

04

后来，辅导员跟我们讲起了自己的故事。

他的本科也是在我们学校度过的。那个时候他也跟我们一样，认为大学就是用来挥霍的。逃课是家常便饭，作业从来没写过，各种考试挂科。最后迫于毕业的压力，没办法选择了考研。考了两年，异常艰苦，最终勉强上了一所省内排名靠前的"211"高校研究生。

在那所学校里，他才发现自己本科的学校和研究生的学校简直是天壤之别。那里的人每天要么忙着学习，要么忙着找工作实习，争取各种可以在未来简历上添光的经历。他们每天谈论的是如何保送研究生，如何出国留学，英语六级怎么考高分。甚至有很多学弟、学妹一进入大一，就确立了自己的职业规划，并且利用课余时间实习。

而在自己本科的学校里，大部分人到了大四都还不知道自己该干什么，依然每天沉迷于游戏无法自拔，男生寝室讨论的话题永远是游戏或者女生，要是有一个人说要出国留学，他们立马会将他排斥在外。

这两个学校之间的差别，让辅导员意识到了自己曾经以为的大学是多么狭隘、多么荒唐。他说："无知者无畏，说的就是你们。你们没出去看看，只知道自己身边的大学生都在玩游戏，就以为所有人都跟你们一样了吗？你们有空到周边城市的'985'高校去看一看，看一看别人的大学是如何生活的？"

听完辅导员的话，全场鸦雀无声，仿佛呼吸的声音都听得见。

05

无知者无畏。辅导员的这句话至今仍深深印在我的脑海里。

多少人因为无知，以为大学就是堕落的开始，进而荒废了四年的青春时光。

多少人因为无知，才敢挺着胸脯理直气壮地说：没有挂过科的大学是不完整的；没有逃过课的大学是残缺的……

多少人因为无知，才能毫无愧疚地拿着父母的血汗钱挥霍时光；才能成天将迷茫毫无遮掩地挂在嘴边，却从未想过解决的方法。

多少人因为无知，才会嘲笑那个经常背着书包跑去图书馆看书的同学，才会蔑视那个大一就开始找兼职实习的同学，才敢大喊一句：大学呀，就是用来玩的。

无知，谋杀了多少人的大学生活。

大学环境，对人影响到底有多深

01

大学室友阿正，前几天在寝室的微信群里抱怨，周末要回学校，补考当年没过的高数。因为工作太忙了，书都没看几页，肯定过不了，拿不到学位证。

看着阿正发来的信息，以及那一串串无奈的表情，我想起大一初次跟他见面时，他那副阳光、帅气、热爱生活以及对大学充满向往的模样。

记得开学第一晚，辅导员来查寝室时，询问我们对大学四年的规划。当时其他人都不知道说些什么，只有阿正滔滔不绝地讲起了自己的人生规划，一副胸有成竹的模样。然后，辅导员问他有没有想过当班委，他笑着点了点头。

那时的阿正，在我们眼中就是"优秀"的代表，"学霸"的化身。

02

　　大学的日子如流水般飞过，当初那副雄心壮志，立志在大学获得无数荣誉的心，渐渐被平淡的生活所磨灭。随之而来的，是无尽的堕落。

　　寝室几个人开始熬夜打游戏，白天逃课睡觉，周末通宵，这几乎成了寝室里的常态。

　　起先阿正对他们打游戏，总是嗤之以鼻，觉得他们不好好读书，整天都在浪费时间。然而，随着大家住在一起的时间的增长，他去图书馆的次数越来越少，宅在寝室里的时间越来越多。因为寝室太吵了，无法安静地看书、写作业，于是阿正就开始追剧。后来他发现，能追的剧都追完了，没什么好看的了，便站着看室友打游戏。

　　接着在室友的教唆下，阿正也走上了游戏生涯。起初他还能控制住自己，合理安排时间，但渐渐地，寝室里网吧似的环境，也使他堕入无底深渊。于是他每天不再看书学习，转而带头喊人打游戏。

　　第一学期结束，他身为我们班的学习委员，竟然带头挂科，而且一挂还是两门重要的课程。最终，在后来的三年里，阿正的生活，与电脑、外卖、逃课、挂科牢牢地捆绑在了一起。最终跟我们班的另外一名同学，带着无法顺利拿到学位证的遗憾，离开了校园。他一步步被周围环境改变着，一步步变成自己当初最讨厌的模样。

　　我总是在想，如果当初他上的不是这样一所二流大学，而是一所国内名校，周围的人不是打游戏混日子，而是天天泡在图书馆和自习室里，那么他，是否便不会落得如此下场？

环境总能悄无声息地改变一个人。我想，这也是为什么所有人都拼死拼活想进入好大学的原因，说白了，就是想进入一个好环境。

03

优秀的环境，能使人变得越来越好；糟糕的环境，也能使人变得越来越颓废。

见过阿正这种被坏环境彻底改变的，当然，也见过那种在极端恶劣的集体中，依然可以保持自我、不被任何人打扰的人。

小海，便是其中的一个。他，是我大学的好友之一。

说起小海，我总觉得他挺倒霉的。他们寝室六个人，除了他以外，其余五个人，抽烟喝酒成瘾，旷课玩游戏更是家常便饭。每次去他寝室找小海时，都能看到地上一堆被踩扁的烟头。

然而，就是在这样的环境下，小海依然每天健身锻炼，看书学习，不仅年年拿奖学金，而且还成功考上了理想的研究生。我总是问他："你在那个寝室不会觉得自己很不合群，不怕被他们影响吗？"

每每听到类似的问题，他总是很自然地耸耸肩，然后平静地说："既然环境是这样，我没法改变，那就试着去理解。我知道我在大学想做什么，所以不会被他们影响到。看淡一点，就没事了。以后到了好大学，会遇到更多优秀的人。"听到小海的回答，再想起他一个人在图书馆伏案学习时的模样，我才明白，有些人，生来就是为了与糟糕环境对抗的。

很多时候，环境并不一定能改变人，只要那个人足够强大。

04

回首四年的大学生涯，我见过被周围环境吞没，最终一无所有的人，当然也碰过能够摒弃外界偏见，勇敢坚持自我理想的家伙。环境确实能够影响一个人，但却不是一个人成长最关键的因素。变好或变坏，更多的，取决于自己对于环境的抵抗力，取决于内心对于梦想的坚守。

托尔斯泰的《复活》里，主人公聂赫留朵夫年少时，是一名无私、宽容、善良的有志青年，他还曾将家中的土地无偿分给农民；然而，随着年龄的增长，他一系列无私的举动，不断引来周围人的嘲笑。他看书，被人说无用；他节俭，被人谈古怪；他为穷人着想，被人责难与嘲笑。就是在这样一种环境中，聂赫留朵夫精神上的自我逐渐消失，最终被兽性上的自我完全取代。他被环境改变了，变得连他自己都不认识自己了。

然而最终，经过了种种磨难，主人公还是凭借自己那颗善良的心，逐渐冲破周围环境的压力，不断完成救赎，找回了最初的自己。

环境改变得了人一时，却改变不了一世。

05

俗话说得好，近朱者赤，近墨者黑。环境是影响人的一个主要原因，却不是决定性因素。普通的大学，环境虽然一般，但依然有常年坚守自我，后来变得非常了不起的人；好的大学，即使周围环境再优秀，同样，也有人在那样的圈子里，迷失自我。环境固然重要，但更重要的，还是自己保持一份初心。普通的学校，同样能出优秀的人才。命运如何，掌握在自己手里。一场考试，几张试卷，不能轻易定终身。

90 后的我们，也开始变"老"了

01

不知道从什么时候起，90 后变老的论调，经常在网络上被人拿来调侃。类似"90 后开始脱发了""90 后开始养生了""90 后开始结婚生娃了"等等，不胜枚举。

确实，如果单从年龄外表上看，大部分 90 后已经正式步入成年人的行列了。从前在公交车上让个座位，被小孩喊哥哥姐姐的人，如今都被叫成叔叔阿姨了；往日每天上课下课学习读书，压根儿不用管生活琐事的花样少年，现如今"十八般武艺样样精通"，在生活中练就了一副无所不能的本领；从前不懂洗衣做饭，双手不沾人间烟火的那个女生，如今炒个家常菜信手拈来；从前那个满嘴游戏篮球的男生，如今张口闭口家庭事业……

那些曾经说着"90 后终将是垮掉的一代"的人，也终于缄口不语，不再随意唾沫横飞。

90 后的我们，终于开始变"老"啦，老到必须主动承担起生命中那些本该承担的责任与义务。当初所有人都以为我们会选择逃避，如今我们却主动挑起了担子。

02

前几天跟大学室友阿伟聊天，聊着聊着不知为什么，他竟开口说了句："我现在真的想赶紧挣钱，然后回老家，在那里给我爸买套房，让他赶紧退休养老，一家人好好生活。"看到这句话的时候，我对着手机屏幕愣了一会儿。印象中的阿伟，是一个大大咧咧喜欢到处玩耍，从来不会考虑家庭、未来等事情的大男孩。

正如在大学里，他经常挂在嘴边的一句口头禅就是：年轻的时候，一定要过自己想过的生活。也正因为如此，毕业后的阿伟，才在众多公司中，选择了一家工作地点离家最远的。他的家在河南，工作在广东。

还记得他第一次坐飞机到广东公司报到的时候，还特意在群里拍照嘚瑟了一下，调侃我们这些不肯离家太远的人，说我们未来都会后悔的。但没想到，如今先后悔的人，竟是他自己。

生命中的有些事，就是这么令人捉摸不透，就像买彩票一样，开奖前，谁都没法下最终结论。

03

阿伟说工作半年后，看着身边陆陆续续有同学开始回家相亲，准备结婚，更有甚者已经在生二胎的路上奔跑了。除了旁人的生活给他带来的无形的压力以外，他说前几天跟家里人视频聊天，发现爸妈也老了许多，鬓角多了些许白发，记忆力开始衰退，前几天刚跟他讲过的事，隔两天又讲一遍。

那一刻，他才意识到，自己身上多年潜藏的责任，在时光的流逝中，逐渐浮出水面。他说，我们90后都已经不再年轻了，不能再由着自己的性子乱来了。我们玩得起，但我们的父母等不起呀。

那一刻，我第一次在阿伟的身上看到了"责任"两个字，看到了一个从前任性妄为无所不怕的90后，开始有了属于自己的牵挂与软肋。

90后的我们终于变"老"了，老到学会摆脱自我的小个性，主动担负起养家照顾父母的重大责任。

04

不知道为什么，这段时间跟许多高中老友聊天时才发现，从前几个大男生坐下来，聊天的内容无非就是游戏或啤酒。然而，现在大家开口闭口都是工作与赚钱、房子和车子、父母跟对象。那一刻，我才意识到，我们都在不断长大。生活给予的压力，让我们这帮从前看似没有任何担当的90后，活生生长成了父母眼中值得信赖的人。

好友大飞说，从前他妈一直把他当做一个什么都不懂的小屁孩，觉得他只会在外面闯祸添乱，然而自从大飞拿着第一个月工资，挽着她的手，带她去买一直喜欢，但看见标牌上的价格后，又默默放下的衣服时，他妈紧紧握着他的手，说了句：感觉儿子长大了。

当我们每个月按时按点往爸妈银行卡里打钱，当我们不再随意到处跟人坐着瞎聊，不再一打开电脑就启动游戏的时候，父母终于不再对我们念念叨叨。他们知道我们长大了，清楚我们能够主动应付并承担起生活的任何考验。

我们终于成了爸妈眼中"老"去的90后。

05

谁说90后是垮掉的一代，谁说90后是扶不起来的一代，谁说90后是被宠坏的一代？

也许，从前在父母庇佑下的我们，真的看起来什么都不懂，什么都不顾，任性妄为自私自利，所有人性的缺点在我们身上体现得淋漓尽致，并且被世人放在聚光灯下严肃地讨论。然而，随着时光的推移，年龄的增加，环境的改变，我们90后也开始走出校园，逐渐摆脱身上残留的稚气。在事业上逐步提升，成为公司的顶梁柱；在生活中日益强大，成为父母、朋友心中的依靠。

每一代人，在还没走出社会的时候，总是被无数长辈冠以"垮掉的一代"，说他们自私、叛逆、不孝、贪玩，无药可救了，然而，当他们走出社会以后，也都能摒弃当年身上的种种缺点，犹如脱胎换骨般，主动承担起肩上的责任与义务。赚钱，养家，照顾父母小孩，为家人养老忙碌，这些的种种，我们也终将面临，并且主动去承担，只是时间的问题而已。

让子弹再飞一会儿，让时间去证明，90后的我们开始"老"了，90后的我们不是垮掉的一代。

大学里所有考试，都是为了拿奖学金吗

01

前段时间回了一趟学校，在校园里遇见了一位同系学弟。

那几天正好赶上期末考试，我遇见学弟的时候，他手中正拿着两本专业书，准备去图书馆复习。在简单地寒暄了几句后，我略带严肃地问他："怎么样，复习得如何？"这话一出口，学弟如打开了话匣子一般，源源不断地向我倾诉期末的那些糟心的事。

在我印象中，学弟是一名典型的理工科学霸，对于学习向来一丝不苟，门门功课都非常用心，即使是那些在众人眼中看似没用的通识课，包括什么逻辑思维训练、中国美学鉴赏之类的，学弟都听得非常认真，并且还会做相关笔记。也正因为这样一种学习态度，他总是与周边的人显得格格不入，众人在背后给他起了一个绰号：书呆子。

02

那天，学弟跟我抱怨，说下学期的奖学金无望了。我有点诧异，问他栽在哪一门功课上了。学弟摇了摇头，说门门功课都达到了优秀，就是有两门通识课，最终考试只得了 78 分，换算成相应的绩点，只有可怜的两分，而同寝室的几个人，不知道从哪里搞了份考试答案来，全部 90 分飘过。关键是学弟认认真

真看视频、做笔记，而那几个人根本没有认真听过课。

他们还说不敢拿满分，怕老师起疑心。我问学弟他们当时抄答案的时候，没有喊你一起吗？学弟无奈地说："喊了，只是我觉得既然自己学习了，还是想靠自己，想看看自己知识掌握得怎么样。没想到，竟然因为这几门课，绩点一下子被人拉开了。他们那些人，一集视频都没看，有的连老师长什么样都不清楚，就随随便便拿高分，真是不爽。"

我听完他的话后，没有说太多安慰的话，因为我知道，别人再多的安慰，也永远无法感同身受，所以只是淡淡地回了句："大学里不是所有考试，都是为了拿一个好绩点，进而获得所谓的奖学金，以及各种评优机会。考试只是一种检验结果的手段，这期间当然会有人通过作弊得到一个优秀的成绩，然而，你真正收获了多少，绝不是光凭得分就能衡量的。"

学弟听完我的话后，勉强挤出一个微笑，点头表示明白。

03

我不知道从什么时候起，大学里的考试，不再是为了检验学习的成果，而演变成了一场绩点争夺战，奖学金争霸战。

每学期结束后，所有人最关心的就是查成绩时，那个鲜红的绩点总分。因为那个分数的高低，直接决定着你下一阶段可能获得的荣誉。

我印象非常深刻，上大学那会儿，我们专业就有好几位，是那种专门为了绩点而学习的"学霸"。

记得当时这些"学霸"中，有一位叫张超的人。他除了专业课以外，其他的课都在睡觉或者玩手机。某次上课，我坐在他旁边。当老师在讲台上激情地讲课时，他依然忘我地玩着手机游戏，我故意用胳膊肘捅了他一下，问："你这样不听课，怎么做到年年拿奖学金的呀？"他转过头，瞥了我一眼，带点儿骄傲地回了句："这种课到考试之前，老师会画重点，到时候把重点知识背一背，再加上买两份往年的试卷做一做，85 分以上没问题。只要上了 85 分，那么绩点就是满分，就 OK 啦！"

我听完他的话后，愣了几秒钟，竟不知该如何回答，只能悄悄将头转向黑板。原本想重新听课，但没想到，刚才听课的心思全没了。

或许，绩点已经成了大学生心中最重要的数字，哪怕所有人都心知肚明，那个赤裸裸的分数，并不能真正代表一个人收获的知识。

但是，这又何妨呢？

04

我一直想不明白一个问题：明明连老师都知道，绩点的高与低，并不能真正代表一个人学到了多少知识，那么又为何要使用这种标准呢？

或许，这是目前最有效、最公平的手段吧。毕竟，你学习的过程，只有你自己最清楚。老师并非你的影子，没办法时时刻刻跟在你身后，将你学习的过程记录下来，最后客观地来评判成绩的高低。

我一直记得，上大学那会儿，我也会很认真地去听每一节课，哪怕那门功课压根儿跟专业扯不上边，我也始终秉承着一个学习观点：趁年轻，有机会，就多学点。很多现在看起来没用的东西，也许日后会在人生的某个节点上，发挥意想不到的作用。也正因为如此，大学里无论是管理学，还是哲学理论、外国文学鉴赏，我这样一个工程男，都兢兢业业且饶有兴致地学习着。

当时很多同学，看我这么认真地听课并且做着笔记，总显得异常惊讶与困惑，而且总是说："这些课程，最后老师都会给答案的，考试过了就行，你这么认真听，是不是为了拿奖学金呀？"每每遇到这样的问题，我总是沉默，因为我知道，即使我说了，他们也不能明白。学习这东西，还需自行体会。

后来毕业以后，我才逐渐发现，当初无论是在课堂上学习的，还是自己在图书馆钻研的知识，很多东西，在当时看似无用，却在人生的很多场合里，奇迹般地派上了用场。

无用的东西，也有见效的时刻。

05

大学里并非所有考试，都是为了拿一个好绩点，进而获得各种奖学金，正如大学里并非所有室友，都能成为好朋友。

在大学这样一个人生最特殊的年龄段里，多点理想主义，少点功利之心，别把学习的目的太标准化了，分数与绩点，也许能让你获得一时的荣誉，却不能获得一世的赞扬。毕竟，学习是学给自己的。学习过程中的苦与累、坚持与收获、习惯与秉性，才是你一辈子都不会丢失的财富。

我想，大学最佳的学习状态应该是：在收获了无数知识后，又能获得一个令自己满意且安心的绩点。

至于奖学金，再说也不迟呀。

大学里不会考试的我，难道就是根废柴

01

前几天在网上看到一则报道，说一位大学生英语四级连考三次都没过，被班里的学霸当成反面教材，成了众人寝室里的饭后谈资，甚至有人在背后说：连一场简单的考试都过不了，你以后还能干什么呢？

看完新闻的我，内心久久不能平静。突然想对那些恶语中伤他人的"学霸"问一句：难道不会考试的人，就是一根废柴吗？难道不会考试的人，人生就永远没有出头的日子吗？

答案显然是否定的。

考试能力，并不能决定一个人的未来。考得好，最多只能说明你为了这场考试认真付出过；考得不好，也仅仅只是表明你没有将足够的时间与精力花在学习上，但这并不能轻易断定一个人的未来。

02

从小我就是一个非常不善于考试的人，小学到大学，每次考试的成绩，始终排在班级中下游，从未名列前茅过。因此，每一次考试对我而言，都是一种煎熬。然而，身边的人，无论是父母，还是老师，仿佛都是考试的忠实追随者，他们觉得成

绩决定一切。

在所有人眼中，不会考试拿不到好成绩的人，仿佛就是根废柴，前途充满了黯淡。那个时候，考试厉害的人，不仅是老师及家长心中的宠儿，更是同学间争相接近的名人。

然而，直到大学后，我才发现，考试并非评判人生的唯一标准。一个好的成绩，仅仅说明你将时间花在了学习上，却不能表明你的未来如何。成绩不好的人，也可能只是把精力用在了其他事情上，而无暇顾及学习。

03

我大学好友刚子，就是那个考试里的废柴。直到大学毕业那天，他英语四级都没过，更别提什么六级了。整个四年下来，如果从众人的角度来说，他就是那种典型的"学渣"。每次只有考试前，他才会临时抱佛脚式地复习一下，60 分永远是他的最高要求，只要能通过就行。然而，就是这么一个大家眼中的废柴，却将大学四年过得别样精彩，最终收获众多理想 offer（录取通知）的同时，还获得校优秀毕业生等荣誉。

刚子的四年，都在忙着自己的事，摆过地摊，做过代理，创过业，开过店……他每天的生活，旁人看来异常劳累，但对于他而言，却是无比充实。因为，那正是他喜欢的生活。

刚子说，我也不是讨厌学习，只是对那些记忆性的知识点，怎么都提不起兴趣来，而且，我这人天生坐不住，没办法安安静静地坐下来看书。比起那些考试，我更喜欢自己折腾。谁说人生就必须由考试决定呢？很多东西，实践更重要。我考试不行，不代表我其他不行呀。我的组织能力、社交能力以及沟通交流能力，绝对不会比那些懂得考试的人差。每个人都有自己的长处，只是大家将时间与精力用的地方不一样而已。

04

除了刚子以外，走出社会后才发现，身边很多了不起的人，在大学里，也并非全都是考试型人才。他们中有很多人，除了考试能力以外，都在某方面具有自己的特长。有的能说会道，善于说服他人；有的擅长组织，能将众多陌生人在极短的时间内组织凝聚起来……

认识的一位好友，他在大学里，四年的成绩始终排在班级倒数十名。他说自己学的文科，考试就是死记硬背，什么名词解释，什么解答题，答案统统是课本上成段成段的文字。想要考高分，想要拿奖学金，想要有一张漂亮的成绩单，就是一个字：背。

然而，这位好友却不是背书的料。背书的过程让他很煎熬，于是整整四年，每次考试，他都仅仅是在考前简单复习一下，其余时间，都在忙自己的事情。全国到处旅游，并且自学拍照摄影。

直到毕业那天，身边的同学都还在他耳旁唠叨，你看你四年一点知识都没学到，成绩一塌糊涂，出了社会后怎么办啊。然而，如今的他，生活也没像当初他人以为的那样，反而成了一名众人羡慕的全职摄影师。

你看吧，那些不善于考试的人，也能将人生过成充满诗和远方的味道。因为他们，除了考试以外，还有自己的一片天空。

05

一直认为，考试这种东西，得了高分，顶多只能代表你努力了，或者说你熟悉了考试技巧，但绝对不能表明你在其他方面也非常了不起。仅仅通过考试去评判一个人的未来，未免过于狭隘与单一。有人喜欢学习，有人热衷运动，也有人精于组织与交流。你的时间花在哪里，你的成绩就体现在哪里。人生的考场无处不在，成绩决定不了一切，你的各种能力、才能决定你的未来。

那些在大学里不会考试的人，不一定是根废柴呀，只是你没看到能体现他们才能的领域。

毕业半年，大学没有教会我的几个道理

01

不知不觉，走出象牙塔已经一年多了。这一年间，我几乎都是以一名自由作者的身份，践行着毕业以来的生活。虽没有如别人眼中那样，将日子过成了诗和远方，但也实实在在地做着自己喜欢的事，前提是这件事撇开了金钱的关系。

这些日子，看到有几个作者开始用一篇两千字左右的文章，对过往的生活进行一番总结与反思，最后再对新的生活，寄予深深的期待。可能受了他们的影响吧，今天醒来的时候，也心血来潮想写一篇文章，对自己进行一次总结，将我在面对选择

与人生规划时，懂得的几个道理说出来。希望，以下的这些文字，对正在上大学且依然迷茫的你，有所帮助。

02

谈钱并不伤感情。

其实，这个道理，直到这段时间，我才深深地理解到。

从前，我跟大多数还未走出校园的人一样，觉得谈钱伤感情，没必要谈钱。然而，最近这段时间我才发现，钱真的很重要。不能说钱是万能的吧，但是开始意识到，没有钱有很多事是做不成的。可能直到如今我才明白这个观点，也跟我的家庭教育有关，我从小家里人给的生活费还是挺充足的，几乎很少为了钱的事担忧，所以，一直不喜欢跟人谈钱的事。

前几天看到一篇文章，大意是说，毕业半年后的这个年，过得可能不是那么容易，里面列举了很多刚毕业大学生的过年烦恼，其实这种种烦恼，归结于一句话，就是钱上的烦恼。

以前总觉得爱父母，关心朋友，最好的方式就是跟他们聊天，谈感情。如今才发现，如果你爱一个人，除了感情上的支持以外，物质上的支持也很重要。你爱一个人，过年的时候除了关心与问候外，直接打钱给他，让他能够想要什么就买什么，过个好年，这样的行为，在目前的我看来，也是挺好的一种方式。

可能有人会说这太庸俗了，然而我还是想说，这是我目前的金钱观，我觉得挺好的，也正是带着这样一种观念，使我有了更多赚钱的动力，以及敢跟别人坐下来谈钱的底气，而不是像以前一样，一谈钱就觉得难为情。

我努力赚钱，就是想给我爸妈打钱。

03

平台比个人更重要。

昨天，一位好友跟我说，他想创业，项目是关于互联网的。在我们谈了许久之后，我给这位朋友泼了一大盆冷水。

前段时间，创业者茅侃侃自杀的新闻，引起了许多人的关注。我也看了一些相关文章，其中有一篇文章写到李想（一位互联网创业者）说过的一句话，大意是：如今的互联网创业，已经过了十年前的草根时代，现在最好的模式不是休学创业，那样成功的概率太小了。如今最好的创业模式，就是上一所名校，毕业后到巨头公司，做到中高层，三十而立带着一帮资源再出来创业，那样成功的机会会更大。

我深以为然，如今虽然所有人都在喊着大众创业的口号，各个高校也都在举办各式各样的创业比赛，好像一个大学生，不去创业，就白活了一样。再加上前段时间韩寒发表的微博，其中讲了自己关于辍学的那段话，大意也是劝如今的年轻人，别学他，还是好好上一所大学实际。

名校、好公司，这些其实都属于平台。你上了名校，认识的了不起的人多了，毕业后进大公司上班的可能性就更高，身边周围同事的格局也会跟别人不一样。这也是为什么，很多人来问我本科是一所普通高校，现在纠结到底要不要考研，我都会告诉他们，如果各方面因素都允许的话，能考就尽量考，到好的学校去，以后的机会会更多。

所以说，平台在以后的社会里，会显得越来越重要。个体的努力，很难超过一个优秀平台带给你的改变。能到更好的平台去的话，别犹豫，去争取。

04

选择大于努力。

最后，想说一个老生常谈的话题，就是选择大于努力。

这个话题，可能你在大学，并没有想太多。因为你学着什么专业，就想当然地认为毕业后会做什么。然而，我却想问你一句，你是否想过，你的专业在不久的未来，是否会被人工智能所取代。

前段时间，看《十三邀》里许知远采访罗振宇的那一期，罗振宇讲了一件事情，就是当时他决定走出央视创业的时候，明显感受到了传统媒体的下滑，以及个体力量的崛起。他那个时候就告诉自己，一定要走到前台，把自己的胖脸露出来。

罗振宇的这一番话，给了我挺大的感触，就是一个人的选择是大于努力的。顺应潮流的趋势，成功的概率会更大。很多时候，调整方向比闷头前行更加重要。

05

今天这篇文章，说了三个点，也算是对自己这半年来的一个总结吧。

虽然写得不够透彻，论述得也不够具体，但还是满怀诚意，希望这几个道理，对正在上大学的你，有些许用处。有些道理，早点懂会更好。多花点时间思考自己的未来，比宅在寝室刷剧闲聊更有用。

② 每个轻松的笑容背后，
都曾是一个咬紧牙关的灵魂

所有的不适合，都是你偷懒的借口

01

一个正在备考公务员的师妹，微信上给我发来了一句话：我想，我真的不适合读书。一做题，就犯困，一看课程视频，就走神，简直是中了学习的毒，天生不适合看书。

我听后，丢了个哭笑不得的表情包给她，还附加了一句鸡汤味十足的话：加油，相信你能考上的。

谈起这位师妹，我其实有很多话想对她说。

她今年大四，学的英语专业，大学四年里，不仅专业知识没学到什么，还练就了一副凡事"三天打鱼两天晒网"的本领。只要一遇到需要长期坚持的事，就到处喊累叫苦，恨不得立马躺床上睡一觉。

然而，就是这样一个散漫、不懂得坚持的姑娘，偏偏被家里人揪着耳朵，按在课桌前静静地备考公务员。连我自己都记不清，她跟我抱怨过多少次了，说自己不适合读书，压根儿不是学习的料。每每听完这样的话，我总是很严肃地告诉她：你不是不适合学习，"不适合"三个字，只是你心中打的幌子与借口罢了，你想通过"不适合"来偷懒、来麻醉自己，来获得他人的同情，以便最终能够心安理得地放弃。

"哎呀，我就是不适合读书，才会不想考试的。"这句话的潜台词往往是：我想偷懒，所以我不适合。

02

很多时候，没有什么适不适合，勇敢去做，不断往前走，事情也就随之适合了。

我大学有一室友，英语六级连续考了三次都没过。第四次备考的时候，常常听到他在唉声叹气，抱怨自己不是学英语的料。外人每次看到他一边对着试卷做题，一边唠叨这番话的时候，总会拍拍他的肩膀，表示赞同，说你可能真的不适合学英语，赶紧放弃吧。然而，只有我们寝室里的人最清楚，他所谓的不适合，只是因为他每次都下想偷懒不学习。

当我们很早就开始背单词做真题的时候，他宅在寝室玩游戏；每次有人喊他去图书馆复习，他都会来一句：过两天再看也不迟。所以，他前三次考试几乎没有复习，单词没背几页，真题没做几套，便草草上了考场。最终落寞地回到寝室，哭天喊地来一句：我真的不是学英语的材料啊。

他总是借着不适合的幌子，掩盖自己偷懒不努力的真相，借此麻痹自我，给自己营造一种我已经尽力了，但就是考不上，肯定是没有天赋的假象，给自己一个心安理得的借口。

03

记得刚开始写作的那一段时间，我也曾用过"不适合"来骗自己，好让自己偷个懒。每当遇到投稿无果，阅读量低迷，辛辛苦苦写的文章没人看、无人评论时，我都会在心底给自己来一句：休息一下吧，你根本不适合写作。

每当这句话在心里荡漾的时候，我便知道，自己又能够心安理得地不写文章，不读相关书籍好几天了。

有一段时间我停更了很久，一位同是写作的好友便跑来问我：怎么不写了啊？我一脸无奈地告诉他：我根本就不适合写作，还写什么啊，休息几天。好友听后，把我教训了一顿，严肃地说："哪有什么合适不合适的。你看我，一个理工男，前二十几年的生活跟文字八竿子打不着，如今不也写得风风火火。别找借口，整天偷懒不写文章。你这样，永远都写不出好文章。"

那一刻，我被点醒了，这才发现，自己一直对外宣称的不合适，没有写作天赋，原来只是替自己的懒惰找借口而已。

后来，我跟着好友的日常计划，天天寻找写作素材，坚持记录生活琐事，每天完成定量码字的任务，文章的质量终于一步步得到了提高，逐渐获得了许多人的认可。你看吧，很多时候你的不适合，只是给自己找的一个偷懒的借口而已。

04

你说想跑步，跑了没几天，觉得累了，便喊着自己身体不适合长跑；你说想看书，看了没三分钟便打起了瞌睡，在心里默默告诉自己，我不是读书的料……其实生活中的很多事，我们之所以没法完成，是因为我们总喜欢给自己找各种借口。其中，不合适与没天赋，是我们想要放弃，想要偷懒时，最常给自己安排的谎言。人生中的绝大部分事，只要你是一个智力正常的人，都能够通过持续的坚持，不断地改进来完成它。毕竟，具有某种天赋与才华的人，在这个世界上只是占少部分的。

别再拿着"不合适"的牌子，作为你"偷懒"的幌子了，一般情况下，凡是认真努力去做的事，付出了便会有所收获。那些嘴里喊的不适合，都是你给自己放弃时找的最佳理由。

输了生活，也不能输了朋友圈

01

不知道大家有没有发现，朋友圈这个地方，逐渐变得越来越神圣。

打开某个人的朋友圈，从上到下往下刷，你会发现，百分之九十的人，生活都过得丰富多彩。这里面的人，要么忙着健身，要么赶着学习，要么穿梭于各种酒会之间。

朋友圈里的生活：九张图，一句引导语，各种了不起。

02

前两天我的一个好友从杭州回来，辞职了。

聊天的间隙，所有人都在替他惋惜，为什么放着份完美的工作不干，跑回家了呢？朋友看着我们质疑的眼光，向我们说起了自己在杭州的艰苦生活。

他说，在那里，三个人挤一张床。两个室友一个磨牙，一个打呼噜，整得他每晚都睡不好。一个人在外面，不舍得吃饭，每次都是随便吃一点，偶尔下馆子，连酒都不舍得多喝几瓶，生怕结账时钱不够。这些还是小事，最要命的是老板已经两个月发不出工资来了。每到发工资的日子，老板就在会议室里给他们打鸡血，绘制宏图，向他们许诺美好的未来。大把股份、无数钞票都会来的，只是时间的问题。

听着好友的讲述，看着他长吁短叹的模样，我们十分震惊。

其中一位朋友说，可是，你的朋友圈不是这样的呀？我看你朋友圈晒的图，今天在西湖玩耍，明天到创业园参观，各种团队建设，整日都出入金光闪闪的场所呀，怎么会是这样呢？你发的那些开会的图片，不是还有老板现场发红包吗？我看你们每个人脸上，都挂着灿烂的笑容呀？

好友听后，抿了一口桌前的咖啡，苦笑着摇了摇头，说："朋友圈里的生活你们也信啊，那些都是刻意制造出来的。现在的朋友圈都是各种炫耀，我们即使输在人生的起跑线上，也不能输在朋友圈里呀！"

朋友圈里愈光鲜，现实生活愈狼狈。

03

我曾经听一位朋友说过，她的一位女同学，天天在朋友圈里晒各种衣服包包、美食旅游加各种恩爱，读书写字还一样不落，光从朋友圈里的图片看，她简直可以称得上是人生赢家了。

但是，现实呢？

这位女同学，跟男朋友的关系并不好，整日拌嘴吵架闹矛盾，那些秀恩爱的图片，都是好多年前的了，是男孩在追她的时候拍的，那时候确实很幸福，只是今时不同往日了。

整天买包包衣服确实不假，但那些都是从父母给的生活费里省出来的。有一次为了买一个好看的真皮包，硬是两周没吃晚餐，活活把自己的身体折腾坏了，还差点进医院了。

每次进图书馆的第一件事，就是先找一本畅销书拍张照，附加一句：开始看书，努力奋斗。但是，只有同行的室友知道，拍完照片发完朋友圈以后，她便把那本书搁在一旁，开始玩起了手机，直到离开图书馆，那本书没有再翻开过。最终，又原封不动地放回了书架。

不知道从什么时候起，朋友圈多了一种功能：炫耀。

所有人，都在朋友圈里炫耀生活，仿佛这是一场无形的比赛一样，输了什么，都不能输在朋友圈里。点赞、评论、留言必定要一刷一大把，不然都不好意思跟人说发了朋友圈。统一回复的经典格式，永远是一个笑脸，加一句类似：感谢大家的支持，评论太多了，就不一一回复了的客套话。但是，事实是否又真的如自己所说，是评论太多回复不过来了？又或者其实压根儿就没有几个评论，统一回复只是暗示着：我很受欢迎。

逐渐地，朋友圈成了一个攀比场所，与现实的距离越来越遥远。

04

昨天晚上睡不着，刷了会朋友圈，看到一位同学发了几张图，点开大图一看，全是各种高大上的会议与培训。我一看，赶忙问同学："刚看了你发的图，你们这是哪一家建筑公司，这么厉害啊，还给做办公室培训，不用去工地现场吗？"

朋友回了一个哭笑不得的表情给我，又发了一张工地的现场图来，这张图上，明显给人的感觉就是：凄凉不堪。同学一个人，戴着一顶安全帽，戴着脏兮兮的眼镜，全身布满灰尘，一脸倦怠的样子，手里还提着测量工具。

同学说，发朋友圈，当然得发得好看一点，不能被人瞧不起。那些什么培训呀，都是走过场而已，坐了不足十分钟，就被拉去工地现场了。听着朋友的话，我在心里默默感叹：千万别试图透过朋友圈去了解一个人的生活。那里的人，都过得太美好了。

05

朋友圈，本来是一种了解朋友的添加剂，如今却变成了模糊生活的迷幻药。这里，从一个单纯的日常交流所演化到攀比炫富的聚集地。

每个人的朋友圈，都变得越来越美好。我们都习惯了把好的一面呈现出来，不愿把坏的部分说出口。我们喜欢享受那种别人评论点赞的快感。朋友圈里，成了生活中另一片厮杀的战场。这里，没有硝烟，没有战火，有的仅仅只是几张美化后的图片。这些图片，就是比赛的最佳作品。

生活中可以输，但是，在朋友圈里一定要赢回来。

谁不是一边咬牙坚持，一边自我成长

01

昨天深夜我一个人在写文章，忽然看到手机不断闪烁的提示灯，心想都这么晚了谁会来找我呢？于是打开微信，映入眼帘的是读者小洋发来的消息。小洋给我发了个二维码，说是自己新的微信号，以前的不用了。

我看着小洋的消息，记忆瞬间被拉回到了六个月前的某个傍晚。那时我才刚刚开始写作，公众号的读者也寥寥无几，偶有读者找我聊天，能把我乐得开心大半天。而我跟小洋，便是在那个时候相识的。

02

小洋是一名大一学生，出生在农村，家里好不容易出了他这么一个大学生，全村人都替他感到骄傲。可当他开始展望美好大学生活的时候，爸妈却为了高昂的学费愁白了头。

最终，第一年的学费在爸妈的东拼西凑下有了着落。可到了大学后，小洋的生活费就得全部自理了。大学伊始，当所有人都还沉浸在美好生活的时候，他已经开始了漫长的兼职生活。

他找到我时，跟我说他打算退学了。因为他不想再看到父母为了高昂的学费发愁，更不想看到来自身边人异样的眼神。他说原本以为自己能够坚持把大学读完，但没想到最终还是放弃了。我听着他的话，竟不知该作何回答。我怕我的每一句话都有可能伤到他那颗脆弱的心。后来，我告诉了他一些自己以前做兼职的经验，教他如何利用开学季卖东西赚钱，还告诉他如果实在不行的话，可以先办个助学贷款。贷款以后慢慢还，利息不高，没事的。

后来，在我的劝说下，小洋决定再坚持一年看一看。于是他办了助学贷款，然后一边认真读书，一边兼职打工。

昨晚我跟他聊天的时候，他明显没有从前那般颓丧了。他说自己现在过得挺好的。在大学里，一个人，读书、兼职，养活自己的同时，还利用课余时间不断学习新的知识。

他说当初要是没有我的建议，可能现在早已放弃读书，跟村里那些从小玩到大的伙伴一起到城市打工去了。他说这半年的坚持很难，起先他办贷款的时候，总觉得身边人看他的眼神显得非常奇怪，后来时间久了也就不那么在乎了。

他坚持学习，坚持兼职，还利用课余时间参加一些力所能及的活动。他说自己这半年来成长了许多，也懂得了很多道理。他要这样坚持四年，过一个完整的大学。

我听着他的话，鼻子一酸，心里有种莫名想哭的冲动。我不知如何回答他，只是在心里想起一句话：谁的人生，不是一路咬牙坚持，一路自我成长。

03

昨天收到一条消息，是一位学弟发来的，说这周末他们举办了一场大四学长欢送会，叫我到时候务必记得参加。

看到消息的一刹那，我脑子出现了一瞬间的空白，嘴巴里念叨着毕业两个字。突然间想起三年前的这个时候，我也参加过同样形式的一场欢送会，只是当时是我送别人，而今却成了别人送我。

回想四年的大学生活，才发现一路上虽磕磕绊绊，却始终未曾轻言放弃。

这一路也曾遇到觉得快过不下去的时候，和室友闹矛盾陷入持久冷战，老师布置的作业总是没能按时完成，回到寝室瞬间没有生活的动力，月底银行卡里的数字总是显得不堪一击……

也曾兼职被骗过，一个人躲在被窝里懊悔不已，不敢告诉任何人；准备了几个月的比赛，最终却被别人替换上场的时候，也曾失落至极。

04

我曾经做过一份快递兼职，第一天上班的时候，就遇到了电商节日大促销，那晚整理货物整理到了 11 点多。一边看着表，一边望着大量的货物，心里特别着急，不知该如何回到学校。毕竟那么晚了，公交车也已经停止了。打车吧，那一天辛辛苦苦赚的钱，将白白浪费一大半，真的很舍不得。

后来，一位同行的阿姨看我没车回家，便骑着她的电动车把我送到了校门口。坐在阿姨的车上，冷风嗖嗖地打在脸上，使人觉得疼痛难忍。阿姨突然间说："小伙子，怎么来做这种兼职呀，这工作很辛苦的，你那么瘦，不适合你。"听完阿姨的话，我整个人瞬间崩溃了，强忍着眼泪假装很平淡地吐出几个字："没事，我能吃苦。"

回到学校后，寝室的大门早已关闭，敲了几下门无人回应，也不敢打电话，怕吵到室友，心想他们早已睡觉。正当我蹲坐在宿舍大门前，翻看着手机联系人，猜测还有谁没休息时，"咯噔"一声，门被人打开了。宿管大爷提着手电筒，光打在我脸上，格外刺眼。大爷见到我时平淡地说了句："快进来吧，外面冷。以后别那么晚回来了。"

我冲大爷笑了笑，灰溜溜地跑回了寝室。到了寝室后，打开门，一片漆黑，所有人都已睡着了。不敢开灯，一个人借着手机屏幕微弱的光，完成了睡前所有的洗漱，最后蹑手蹑脚地爬上了床。

躺在床上的那一刻，眼泪不知为什么毫无征兆地从眼眶中流了出来。我立马擦干泪水，暗暗告诉自己：成长的路上，你不咬牙坚持，没人替你勇敢向前。

我们那个学霸宿舍，8 人全部考上了研究生

01

前几天刷微博的时候，无意间看到一则题为"江苏高校惊现学霸寝室，8 名男生全部考研成功"的新闻。原本是一件值得

庆祝与高兴的事，但众多网友却在评论区里表示出了满满的醋酸味。

很多人说，也不看看考上的是什么学校，就在这边瞎炫耀，以及嚷嚷着现在考研都这么容易了呀，随随便便就能考上研究生。更有人直接回复道：要是我在这样的学校与宿舍里面，我也能轻轻松松地考上。

总之一句话，所有人都习惯性地将 8 名学生的努力，归结为学校以及宿舍环境好，又或者其他因素，而完全忽略了个人背后所付出的努力。

确实，环境是促使他们集体考研成功的一大因素，但那也仅仅只是起到催化剂的作用，真正使得他们成功的决定性原因，是他们那无数个起早贪黑背书学习的孤独日子，是他们为了考试，自身所付出的不为人知的努力。

试问，如果你自己都不努力，即使将你置身于优秀的环境下，又有何用呢？

02

看着这则新闻，我忽然想起来，2017 年的时候，我们专业也有一间女生宿舍，6 个人全部考上了研究生。

这件事在我们那个二本高校里，一度成了老师学生口中的励志典范，这 6 个人甚至还接受了学校新媒体团委的采访。采访的相关新闻在校园网首页挂了好几天。就连在毕业典礼上，她们 6 个人也都作为优秀毕业生代表，为所有人分享了她们寝室四年的学习生活。

那时好多人都羡慕她们，说她们太幸运了。

记得寝室一位没考上研究生的室友小羽，听到这个消息后，对着电脑一肚子怨气地说着："我们寝室是没学习氛围，我要是在她们寝室，也准能考上。你看那个学霸寝室里的×××，一开始成绩那么差，肯定是在其他人的影响下，被带动起来的。"我们听完他的话后，没多说什么，只是对他的想法表示无法赞同。

那种将自己考差的原因归结为寝室的环境，并且把别人成功的主要因素，划分为周围人影响的畸形思维，是否显得有点可笑呢？

03

说真的，小羽在考研期间，我们整个寝室的人，都尽量不影响到他的复习。

晚上早早配合着他上床休息，不敢弄出太大的声响。就连平时喜欢将音乐外放，且跟着哼唱的室友，每次在小羽从图书馆回来后，都会很自觉地戴上耳机。反倒是小羽，每次去图书馆的时候都是一副懒洋洋的姿态，还总是在众人熟睡的时候，弄出非常大的声响；洗完脸，脸盆直接往地上扔；开个抽屉拿东西，也能弄出吱吱呀呀的声音。

当别人都在埋头复习的时候，他却早早地回到寝室，说太累了。于是，拿了一本考研英语的书，就往床上跳。其他人以为他要看书了，放音乐的连忙戴上耳机，打游戏的匆忙将声音调成静音。而他呢？没看五分钟书，就拿起枕边的手机，一边刷着各种搞笑视频，一边忘我地哈哈大笑。

他考不上研，更多的原因是自己平时的努力不够，不愿付出所有精力在学习上，最终却将结果全然归结为寝室环境不好，没人陪他一起备考。我却认为，即使有人陪着他一起考，每天带着他一起复习，以他这种三天打鱼两天晒网的态度，考上的概率也是极低的。

04

当时，我跟我们学校那间学霸寝室里的一位女生比较熟悉，在毕业典礼开完，众人准备离场时，我走到她身边，先表明对她的祝福，然后便带着疑惑问她："你们寝室平时都是一起学习的吗？"

她听完我的话后，扭头转向我，略微皱了皱眉头，好似对我的话感到不可思议，说："没有呀，你们不是以为学霸寝室都是一起学习的吧？我们寝室里的人，平时学习的时候，都是有各自的时间安排，相比起结伴去复习，我们更喜欢自己去看书，不用互相等待，省得浪费时间。回到寝室里，我们也会偶尔玩个游戏什么的，你们男生喜欢玩的王者荣耀，我们也玩呀。只是我们一贯遵从的原则就是：玩归玩，学习归学习。玩的时候，一定全力地玩，但学习的时候，也绝对全身心投入学习中。"我一边听她说着，一边默默点头。

集体生活固然能够影响人，但影响的范围毕竟是有限的。

正如我的好友小海，他四年所在的寝室，是众人眼中典型的差生寝室：其中两个人面临没有学位证的局面，一个整天除了打游戏抽烟以外，什么都不会，再加上身处一所普通的二本院校，前途可谓一片渺茫。然而，就是在这样的环境下，小海最终也凭借自己的努力与奋斗，考上了省外一所著名高校的研究生。

他经常挂在嘴边的一句话就是：既然改变不了环境，那就努力改变自己吧。

05

其实，在心理学上有一个著名理论，叫内外因理论。

所谓的内因，就是从自身出发找原因。而外因则恰恰相反，是从外部环境找原因。内外因理论告诉我们，凡事无论成功或失败，都不能一股脑地将所有因素归结于内因或外因，而应从内外因两个方面同时着手，方能找到问题的症结所在。

外部环境固然会影响人，但同时，人自身的行为，也在很大程度上左右着事件的结果。所以，别一出现不如意的事情，就将全部原因推给别人或环境，说是别人的错，或者环境不好，才导致如此结果，也应试着想一想，自己身上是否有造成如此结果的因素呢？

你考不上研究生，别全怪学校与宿舍环境不好。名校也有堕落的人，同样，二流大学里，也有了不起的人，只是概率问题而已。环境固然重要，但自身的努力更加珍贵。

人生的每一个阶段，都会有特殊的难题由你冲破

01

在微信上收到了一位小姑娘发来的图片，点开一看，一张 A4 信纸上，写满了娟秀的方块字。

小姑娘在信的开头，先做了简短的自我介绍，便向我述说

起了自己的烦恼。

她今年刚上高一，就读于家乡重点高中的实验班。她说刚开学一个月，自己就累得喘不过气来。感觉班级里的所有人，学习能力都比自己强。第一次月考下来，自己的成绩排在了班级倒数。

班主任找她谈话，告诉她要多用功学习，争取赶上别人。可是只有她自己清楚，自己已经拼尽全力地学习了，无奈成绩依然提不上来，她也不知道为何如此。她显得很惶恐不安，不知道接下来该怎么办。她说自己很害怕高中三年，就这样始终处于队伍的尾巴，被人远远甩开。在她现在的世界里，学习成了人生最大的困扰。

02

读完这位姑娘的烦恼，我想起了高中时期的自己，也曾面临过与她同样的经历。

那时的我，每天拼命读书，经常做题做到凌晨一两点，然而成绩却始终赶不上他人，始终徘徊在班级中游水平。所有人好似都揣着加速器奔跑，唯独自己如乌龟般缓慢爬行。

与友人倾诉无果，毕竟没人能够感同身受；家里人又各忙各的，丝毫没有时间听我唠叨。那段时间的我，就犹如单独被困于笼中的鸟儿，想改变，却又无能为力。

一度迷茫到怀疑自己的学习能力，恐惧高中三年该如何度过，害怕自己考不上一所好大学。然而，往日的种种烦恼，如今再回首时，才蓦然发现，当年那些看似过不去的坎，现已如潮水般远逝；当年那些磨人的成长烦恼，也已逐渐定格，成为某个深夜砥砺的回忆。

在给小姑娘的回信中，我先把她所面临的问题，一一做了解答。随后，在信的末尾，特意加上一句话：人生的每一个阶段，都会有属于那个阶段特有的困扰。那些横亘在特殊年龄里的难题，即使当时是看似跨不过去的高山，终有一天你都会独自化解，并且在往后的人生里，笑着面对它。

03

记得大四的某堂课上，老教授看着我们一副副为了未来烦恼不安的画面时，站在讲台上，意味深长地说了这样一番话：

看着眼前的你们啊，我总是想起二十年前的自己。那时候我也跟你们一样，即将踏入社会。虽然我们当时的就业环境，没有像你们现在如此严峻。但摆在我眼前的问题，也都跟你们如今面临的类似。

学不到知识，工作不喜欢，与恋人分居两地，父母常唠叨……这些人生的烦恼，在当时的我眼中，是特别糟心的。我也一度怀疑自己的人生从此糟糕透了，永远迈不过那些磨人的困扰。然而现实却是，我终究平安地度过那个阶段，开启了另一段人生的旅程。

我原本以为过了二十几岁，到了三四十岁以后，人生就会安稳下来，不用再为了金钱、事业、爱情而烦恼了，便能快活地生活。但没想到的是，如今四十几岁的我，每天依然有新的困扰。愁孩子上学，忧父母身体，烦如何讲好课堂知识。

所以说，人生的每一个阶段，都会有属于那个年龄段里，最特殊的困扰。它存在的意义并不是为了打败你，让你从此一蹶不振，而是为了使你在那个特定的时段里，学到人生特殊的意义。当你老了以后，再回首少年时期的烦恼，也能乐呵呵地与人诉说。

04

曾收到过许多刚步入大学的读者倾诉，说学校差劲，不喜欢所学的专业，成绩一塌糊涂，寝室关系还不和谐；曾遇到初入职场的好友深夜来电，哭着抱怨工作辛苦，老板严厉，房租上涨，与同事闹矛盾；也曾天天听着家里上了年纪的叔叔、阿姨不断唠叨，你们年轻人就是好，除了学习以外，什么都不用担心。哪像我们啊，天天要面临家中的种种烦心事。

忽然才发现，人生的烦恼总是无处不在。每一个年龄段里，它都会以不同的形式，出现在你眼前。你唯一能做的，就是努力去冲破它、战胜它，骄傲地迎接下一阶段的挑战。

哪怕命运再不公平，愿你能勇敢面对

01

一个人在书店看书，忽然身后传来一阵清脆，但略显结巴的叫唤声：妈妈，妈……妈，这边……有旅游的书籍。

起初我还以为是哪家的孩童迷路了，但转身一看，映入眼帘的却是一位大约十六七岁的少年。他独自一人坐在特殊轮椅上，身穿一件淡黄色衬衫，身材消瘦，双眸清澈，给人一副心智不过六七岁的感觉。

在一旁挑书的妈妈听到呼唤后，立马放下手中的书籍，走到轮椅前，摸了摸男孩的头，低声地说："儿子，这里是书店，不能大声说话的。"虽然妈妈一再告诉他不能大声喧哗，但当他看到喜欢的书籍时，还是忍不住叫了起来，脸上露出天真的笑容。

周围的人纷纷被男孩的叫声吸引住了，朝他投来异样的眼神。我没有多看他一眼，生怕太多的目光会伤害到他。听着男孩因看到喜爱的书籍而呼唤的声音，那声音清脆、响亮，又满怀期待。蓦然发现，原来即使命运再不公平，都无法阻挡一个人快乐地成长。小男孩勇敢地面对生活，哪怕自己身体上天生残缺，但依然热爱书籍，享受生活。我听见他告诉他妈，说他长大了要去旅游。他妈听完嘴角上扬，缓缓地说了句："好的，记得到时候带着妈妈。"

02

很多时候我们总是在抱怨命运不公平，为什么别人一生下来就能衣食无忧，而自己偏偏一无所有，家境普通，只能通过自身不断努力，才能收获些许回报。但你却未曾发现，世界上最大的不公平，并非家境与金钱上的差距，因为这些我们都能通过自己的拼搏去不断弥补，但身体上的先天缺陷，却是永远也无法挽回的。也许那，才是生命最大的不公。

曾经在网上看过一段视频，是一位喜好旅游的朋友，到非洲最贫穷的地方，去拍摄一些残疾儿童的故事。

整个视频中，最让我惊讶的不是儿童身体上的残缺有多恐怖，而是他们脸上那无比灿烂的笑容。透过视频，你能看到当上课铃响起时，有人挂着拐杖，单着脚背着包，跳进教室，还时不时回头对着镜头露出洁白的牙齿。他并非调皮故意单脚跳跃，而是他在儿童时期出了车祸后，左脚截断了。也看到过一位收破烂的八岁儿童，整个人只有上半身，下半身仅仅是用一个半圆的篮球，紧紧地包裹着瘦弱的身体。他无法走路，只能用手代替双脚前行。对着镜头的时候，他脸上没有丝毫的阴郁，只是一味乐呵呵地笑着。

我不知道他们的生活是如何的艰难，甚至不敢想象命运还要在他们身上剥去多少快乐。但我相信，他们中的大部分人，每天都活得很乐观，很坚强。上天给了一副烂牌，但他们依然能够勇敢地反击。

03

阿姨家对面有一户人家，住着一位叫大弟的长不大少年。不知道从什么时候起，大弟的身高就永远定格在了八岁那年。

小时候经常去阿姨家跟大弟玩耍，那时候不懂，以为大弟年龄跟我差不多，因此玩起来也总是毫无顾忌。后来无意间听到大人的聊天，才知道大弟的年龄已经十几岁了，长不大，家里又没钱让他上学，不知道将来该怎么办。但即使那时的自己知道大弟长不大，也丝毫没把这件事放在心上，跟大弟依然是最好的玩伴。

后来随着年龄逐渐地增长，我的身高越来越高，而大弟却始终不变，就连声音也依然如儿童般清脆。大弟仍然跟我玩，依旧每天笑嘻嘻的。我没有问大弟为什么没长大，他也从来不说，却彼此心知肚明。

大弟一直没长大，也始终未曾走出过那座村庄，他每天的生活很简单，就是到田里干干农活，时不时与周边的小孩玩耍，傍晚坐在自家空地前，呆呆地望着泛黄的落日。他始终每天乐呵呵的，从他的眼神中，我从未见过丝毫的忧伤。

大弟经常挂在嘴边的一句话就是："生活嘛，最重要的就是开心。长高不长高的，都无所谓嘛。"

也许大弟在夜深人静的时候也曾独自哭泣抱怨过，但当太阳再次升起的时候，他嘴角又重新绽放出了笑容。

我真的希望，他能永远快乐地生活下去。

04

有时候我们总是在抱怨这抱怨那，和谈了几年的恋人分手了，就一哭二闹三上吊，说命运对自己不公平；上班被老板批评责骂，回到家后就对着亲人抱怨不公平，凭什么自己要天天赚钱养家还要被领导批评；考试挂科，朋友不合，各种不顺利的小事，我们都在随时随地抱怨，仿佛命运所有的不公都落在了自己身上。

但我们却未曾想过，在这个世界上，最不公平的并非出身，也非机遇，而是生命本身。能拥有一副完整的躯体，已是上天最大的恩赐。有多少人带着残缺来到这个世界上，都从未抱怨过，依然在努力乐观地生活着。

即使生活再难再苦，愿你能勇敢面对。坚决打破生命的不公，做出一个漂亮的反击。

③ 世界很残酷，你要活得有温度

人生没有如果，愿你勇往直前

01

前段时间几个高中好友一同吃饭，这本是一件开心事，毕竟大家都将近半年没见面了。然而，当其他人都在笑谈生活时，唯独胖子一副闷闷不乐的模样，不喝酒也不吃菜，双眼呆滞地玩着手机。

我很不解，以为胖子家中发生了什么事，赶忙趁饭后约他一起步行回家，打算问个究竟。当我开口讲明困惑，胖子听完后，无奈地叹了口气，缓慢地说："你知道的，我当年高考失利，没有选择复读，如今毕业又找不到合适的工作。一回到家，我妈就在旁边唠叨，如果当初复读就好啦，现在也不会这样了。"

胖子本已迈过了高考那道坎儿，如今被他妈这么一说，过往的画面又不由地浮现在眼前，心中不禁感叹：如果当初听家里人的话，安心复读，就不会去那所二流大学，现在就不会落得四处求工作的下场了。看着胖子一副懊悔不已的表情，我拍了拍他的肩膀，然后说："人生并没有什么如果，你不能总是活在过去。既然事已至此，你现在最重要的就是忘掉过往的不愉快，努力面对眼前的人生，勇敢地走下去。"

时光无法倒流，没人能够回到过去，人生也没有所谓的如果。

02

很多时候，当我们遇到挫折困难时，最经常挂在嘴边的一句话就是：如果当初怎样怎样，现在就不是这般场景了。

记得刚毕业那会，我没有找工作上班，而是一个人窝在出租屋里，对着电脑吭哧吭哧地码字，打算以写作为生。起初半点收入都没有，经常一个人窝在房间里边码字，边啃面包。

当我这种糟糕的状态传到家中亲戚的耳朵里时，七大姑八大姨纷纷打电话询问情况。电话那头，众人一边叹着气，一边说："要是当初跟其他人一样，考个公务员该多好呀，现在就不会弄成这副模样了。""如果大四的时候，找人帮你安排工作就好啦。"听着这些丧气的话，一时间，我竟也开始怀疑自己是否做错了。于是，在跟我爸聊天的时候，不禁问他："哎，我是不是错了。如果当初我不这样毅然决然坚持自己的选择，现在的生活是不是会更好？"

我爸听了我的话，隔着电话沉默了许久，缓缓地说："哪有什么如果？既然都过去了，就要往前看；选择了，就别后悔。努力做好眼前的事，坚持走下去，才是对当初那个选择最好的答复。"

后来我听了我爸的话，不再想那些不着边际的如果，不再懊悔过去，转而一心做好眼前的事，想着未来的生活。逐渐，工作也越来越顺利，写作的收入，也有了明显的增长。

人啊，不可能一辈子都活在从前，往前看才是人生。

03

人生没有如果，命运不相信假设。

记得前几年的时候，表哥从上海辞职回家创业，当时众亲戚中支持表哥的人占绝大部分。

然而一年过去了，表哥的事业没有任何实质性的进展，一直处于无法盈利的状态，当初那些说赞美之词的人，开始变着嘴脸质疑。更糟糕的是，当时跟表哥一同在上海工作的邻居小李，现在在上海混得风生水起，还在我们县城买了套房子。

此时，姑姑等人终于坐不住了，整日在表哥身旁念叨：如果当初没回来创业，老老实实在上海工作就好啦，现在肯定赚很多钱了。

每次去姑姑家，都能一边看着表哥忙碌的身影，一边听着亲戚无谓的质疑。我原本以为表哥听到这些话会很生气，没想到对此，他总是一笑了之。我很不解，问表哥为什么不生气时，表哥依然乐呵呵地说："人生如果真像他们说的那样，有那么多如果，那世界不乱套了吗？既然选择了眼前的路，就别总是怀念过往。我现在最重要的事，就是把眼前的工作做好，不能总活在'如果'里呀。"

后来的两年，表哥的事业终于有了迅猛的发展，当初那些说如果没有创业的人，如今也都沉默不语。

我始终很喜欢那句话：既然选择了远方，便只顾风雨兼程。

04

如果当初复读该多好，如果当初早点找工作就好了，如果当初没有辞职，现在一定过得安稳幸福……不知道从什么时候起，每当我们的人生遇上挫折时，我们总会不由地懊悔过往的选择。心里不断回想，如果当初做了另一个选择，如今的生活是否会更好呢？

然而，生活永远没有如果，有的只是将来。你唯有把握好当下，才是对过往最好的答复。

人生最可怕的并不是做错了选择，而是做出选择后，一味地懊悔于往昔，无法自拔。那样只会使你迷失于从前。人生没有如果，时光也无法倒流。没有人能回到过去，改变当初的状况，唯有勇敢面对往后的人生，才是给当初那个义无反顾的自己，最好的礼物。

愿你勇往直前，不念过去，不畏将来。

化比较为动力，找寻生活的勇气

01

我之前做家教的时候，带过一个初中的小男孩，他学习成绩特别棒，考试总能排进班级前五名，在补习班里算是一名既优秀又懂事的孩子。可美中不足的是，他每天总是沉默寡言，永远一张苦瓜脸，仿佛生活欠了他什么似的。起先我还以为他是因为学习压力大而导致的，后来在跟他的接触中才发现，他之所以每天愁眉不展，是因为他总是活在跟同桌的比较当中。

他总喜欢跟我描述他的同桌。他说同桌的爸妈都是银行职工，工作轻松而且工资很高，而自己的爸妈仅仅是普通工人，挣的钱还不到别人的一半，每天还要加班加点到深夜。他说同桌从小才艺非凡，既弹得了钢琴，又唱得了歌曲。每次联欢晚会表演都有他的份，而自己只能眼巴巴地坐在台下羡慕。

他一边说着，一边缓缓低下头，眼眶微微湿润，最后低声说了句："同桌什么都好，我没一样能比得过他。"听到这句话时，坐在一旁的我瞬间懵住了，我不知道那个同桌到底对他造成了多大的伤害。许久，他问我："老师，你觉得我跟我同桌比起来是不是太差劲了？"我没有丝毫的迟疑，回答他说："不是的，你同桌很棒，但你也足够优秀。他也许在家境条件上比你好，才艺能力比你强，可那也仅仅只是一部分，而且你学习成绩比他好，不是吗？"

小男孩抬头看了我一眼，双眼充满了期待地望着我，仿佛在等我接下来的话。于是，我接着说："你不要总是拿自己的缺点跟别人的优点做比较，那不等于拿自己的胳膊同他人的大腿比吗？你有你自己的长处和优点，而这些是对方所没有的。"

人与人之间的对比并不是最可怕的，最可怕的是你因为对比而产生的自卑情绪。对比仅仅只是想让你认清人与人之间的差距，看到自己不足的地方，然后奋起直追，让自己变得更加优秀。

02

记得小时候我也特别喜欢跟别人比较。

班级里哪个同学家庭条件比自己优越，哪个同学成绩比自己好，甚至哪个男生长的比自己高、比自己受欢迎我都记得一清二楚。也正因如此，那时候的自己总是活在比较的世界里，每天郁郁寡欢，总觉得自己糟糕透了。

后来班主任好像看出了我的心事，问我怎么每天都是不开心的样子。我把心中的想法告诉了他以后，班主任笑了笑，拍着我的肩膀说："小小年纪就知道比较啦。你不能总是看到别人的长处而忽略了自身的优点呀。别人有闪光的地方，同样你也有令人羡慕的特长呀。"

从那以后，我虽也会时不时在心里同别人做比较，但大都只是把比较化作了生活的动力，而不是滋生出令人厌烦的消极情绪。

生活中的对比总是无处不在，对比仿佛一把双刃剑，是好还是坏，全凭自身如何运用。

03

曾经收到一位读者的留言，说自己今年大一，连续参加了各种社团的招新，在面试中毫无例外统统被拒，而同去的室友小舒面试顺利，最终进入理想的社团。他说在面试的时候，看着小舒在台上口齿伶俐地表达，而自己走上讲台后，连原先准备好的自我介绍都没能讲清楚。

不仅面试，平时在宿舍，小舒也是一个有领导力的人，什么大事小事大家都喜欢同他商量后再做决定，而自己仿佛一个透明人一般。他很怀疑自己，觉得自己跟别人比起来存在太大差距了。

我听完他的倾诉后，说："你为什么一定拿这方面跟别人比较呢？你可能不善于交际，你也许不是一名领导型人物，但你也一定有自己的优点，有比小舒优秀的地方呀？"

他沉默了许久，说："室友都说我人缘好，小舒有时候太强势了，他们都有点怕他……"

"那不就对啦。你别总是拿自己不足的地方同别人的优点比较，很多事是不能对比的。"我赶忙说。

生活中的很多人，总喜欢抱怨家庭条件比别人差，性格比别人软弱，身高跟别人差了一大截，可是他们偏偏忘了自己的家庭虽然生活简朴，但却和睦温馨，性格虽然有点软弱却也受人欢迎，身高不足可是长相英俊呀。我们总喜欢在比较中发现自己的不足，却忘了不足只是为了让你更好地面对生活，而不是使你变成一个整日活在抱怨中的人。

04

人与人之间的对比总是无处不在，小到同我们身边的朋友对比，大到跟电视上的明星比较。我们似乎总喜欢在比较中寻找不足，然后活在不足的深渊里无法自拔。比较并不是为了让你失去自我，而是为了让你看清自己不足的地方，然后带着这份不足勇往直前，迎接更好的人生。

化比较为动力，找寻生活的勇气。

我也不是每天都能能量满满的

01

我每天的工作就是宅在出租屋里，对着电脑键盘噼里啪啦地闷头码字。不必与外界发生任何联系，犹如一个多年独居的怪物。

我姐一直提醒我，说你要多出去走走，多和人交流，不能老是把自己封闭起来。然而，我总是对此毫不在乎。

不知道为什么，二十几岁的我开始变得爱憎分明。对于不喜欢的人，连多看一眼都觉得累；对于喜欢的人，即使通宵聊天都不会感到困。

或许，这就是这个年龄最特殊的地方吧。明明天天学着各种为人处世的原则，却还是无法违心地做到左右逢源、应对自如。可能等到三十几岁、四十几岁，甚至年过五十的时候，才会将那些道理应用得游刃有余吧。

02

早晨，一打开微信公众号的后台，就收到一条读者的留言——小午，你最近怎么那么伤感呀。我要离开了，我还是喜欢正能量的东西。在你这待久了，我怕被你传染了。

我语塞，竟不知道该如何回答。其实，我也回答不了。把鼠标放在她的头像上，系统显示她已经取消关注了。对于取消关注的人，公众号的经营者是无法向她发送消息的。仔细想想，不能发也好。我很清楚当你的某个形象映入对方脑海里时，你再如何解释都无济于事。人是一种喜欢先入为主的生物，内心终究相信自己的判断。

很多事，越解释越糟糕。感情也同理。但我还是想说一句：我也不是每天都能能量满满的。

03

一个读者，高考失常，进入一所二流大学读书。一年过去了，他觉得自己一无所获，每天活得如行尸走肉一般。人生没有任何目标。他很怀念高中时为了理想坚定奋斗的日子，同时也很向往国内名校忙碌的生活。

他告诉我，自己是一个不甘平庸的人，所以想回去复读重新考上一所好大学，但是又怕家里人反对。

我了解了他的大致情况后，告诉他：如果你真的觉得在这所大学是浪费时间，那我认为回去复读是明智的选择。不过，这毕竟是一件大事，还是要跟家里人好好商量，把你的规划跟他们讲清楚。他回我说：好的，我本来就是想着退学的，只是一直拿不定主意，现在有人支持了，感觉有把握多了，谢谢。

看完他的回答，我突然想起东野圭吾的一句话："其实所有纠结做选择的人心里早就有了答案，咨询只是想得到内心所倾向的选择，最终的所谓命运，还是自己一步步走出来的。"

我深以为然。接受的咨询越多，越发现其实前来咨询的每个人，除了带着问题来，同时也带着心中的答案出现。开口问选择之前，其实他们都已有了自己的方向。只是在找一个砝码给自己增加信心，犹如一只飘浮不定的气球，需要一阵风才能助它展翅高飞。

04

好友小路找我聊天，询问我最近的状况。我说每天就是把自己关起来写字看书，生活没有太多波澜。小路很惊讶，说你以前不是这样的呀。我记得大一那会，你天天喊着到处跑，每个周末都要拉着朋友出去瞎逛。你那时还说，一成不变的生活就等于慢性自杀。我摇了摇头，说人总是会变的。找到自己毕生所爱的事情，当然可以推翻原先的所有。

我也询问了小路的生活，他的回答同样使我惊讶不已。他说自从辞职，开设了辅导机构后，每天就是上课，上课，上课。然而，在我印象中小路虽然读的是师范类院校，但从前最常挂在他嘴边的话就是：绝对不当老师，这辈子上了二十几年的课了，再也不想上课了。然而如今的他，生活却是围绕着当初最厌烦的教室转。

原来，我们都过上了从前最讨厌的生活。又或许说，我们都找到了自己目前最喜欢的生活，只是跟过往对立而已。没有好与坏，自己活得舒坦过得开心笑得满足就够了。

05

二十几岁，不痛不痒。

记得小时候，最渴望的事情就是快快长大，最好一下子变成二十几岁的青年人。这样就可以自由支配生活，逃离父母的管束。不用学习，随意上班，到处旅游。一切都是那么美好。

然而，真的到了二十几岁，又想回到小时候了。二十几岁，要学会承担，要学会包容，要时刻警惕外界不友善的行为，还必须兼顾家庭、事业、友情三方面的平衡……原来，从小到大最渴望的东西并没有想象中的那么美好。

对于二十几岁的定义，我想王小波在《黄金时代》里的这段描述再适合不过了：那一天我二十一岁，在我一生的黄金时代，我有好多奢望。我想爱，想吃，还想在一瞬间变成天上半明半暗的云，后来我才知道，生活就是个缓慢受锤的过程，人一天天老下去，奢望也一天天消逝，最后变得像挨了锤的牛一样。可是我过二十一岁生日时没有预见到这一点。我觉得自己会永远生猛下去，什么也锤不了我。

二十几岁的人生，我们都渴望的太多，却又迫于限制，很多事，想而不得。人生是一个攀爬向上的过程，犹如登山一般。二十几岁，充其量刚爬到半山腰，未来还有很多艰难与美好在等着我们。

愿你，愿我，在这样一个年龄里，无论经历着多少的困惑与迷茫，都能坚持下去，勇敢地坚持下去。你一定能登上山顶，阅尽无穷风景。

为了梦想，一路前行又何妨

01

早晨醒来，望向窗外，看着行色匆匆的人群，才发现路边的行人，都已脱下羽绒服，换上薄夹克。我忽然意识到，春天来了。慌忙掏出手机，查看日历，才发现日子已经来到了二月的最后一天。原来，二月只有二十八天，突然觉得好多事都来不及准备、来不及行动。也许日子，就是如流水般，悄悄地从指缝间溜走，在惋惜中流逝。

落日的余晖把人影拉得长长的，和路灯搭在一起；日历一页页地撕去，生活一天天地翻新。变的是生活，不变的是梦想。

02

还有三个月就毕业了，忽然有些慌张、有些不舍。中午取了快递，是老姐寄回来的就业协议书，盖好了章，封好袋子，就这样，交给了学校，就算作为一种了结。那印章是我姐托人帮忙盖的，也就是说是假的。因为学校连日来的催促，催促没有就业的同学赶紧找工作，不然学校就要开启高压模式了。我为了不得罪老师，只好出此下策。这样的情况，对我来说很正常，因为即使当初有几家建筑企业愿意与我签约，我仍然在最后一刻逃走了。

同学都很不解，用带点责怪的语气问：你怎么不签约呀，从初试到复试，准备了那么久，为什么最后又放弃了啊？

面对他们的疑惑，我没有做过多的回答，只是笑笑随口说，想看看后面还有没有更好的。也许只有我自己知道，我不愿意从事建筑行业，我也根本不想到工地上去，我只想安安静静地谋一份编辑的工作，每天能够读读书、写写文章，就足够了。有时候会觉得自己很任性，放着学了四年的专业不干，偏偏要做什么文学梦，还真以为自己的文字能影响多少人呢。

对于写作这件事，全家人只有我姐跟我哥知道，我姐一贯的态度很明确，毕业了赶紧回家考公务员，或者找个造价事务所安稳生活，别瞎写什么文章了。因此，即使我的文章被《人民日报》转发，我怀着喜悦的心情告诉她时，仍然被她泼了一脸冷水。不过，我并没有因此而不开心，或者愤怒，相反我很理解她，因为我知道，她始终是为了我好，是想帮我选择一种舒适的生活。哪怕，那种生活并非我想要的。而我哥呢，当他得知我在写文章时，给了我很大的鼓励，他告诉我：弟，如果这是你兴趣的事，一定要坚持下去。这话，可能是我写作半年来，听到为数不多的支持我写作的话了。

我很开心，我知道我哥当年想创业，所有人都不解、都阻挠，唯独他自己知道自己喜爱的是什么，他知道自己爱创业，爱冒险，那是他想过的人生。如今回头看，他坚持了五年。五年创业之路，何其艰难、何其心酸，其中的苦与乐只有他自己能够体会。所以现在，我成了跟我哥同一类的人，成了那个为了梦想不断向前的偏执狂。

03

昨天我爸打电话给我，一开口便问我说：你这学期有什么打算。我支支吾吾，不知道该如何回答，更不敢告诉他我已经在外面租房子了，我只是低声地说：我想这学期把毕业的事先弄完，然后老老实实找工作。我爸听了没说什么，但我知道挂完电话，他一定又要担心了。

我没有告诉他我在写作这件事，是因为我知道这条路太难了，根本望不到头，而且在他们那一辈人的眼里，写作这件事压根儿就是不务正业的代名词。你以为个个都是韩寒郭敬明呀，写作这条路，成功的就那么几个，失败的可就太多太多了，只是你没看到而已。

虽然我知道成功的很少，但我依然决定写下去，不为别人，仅仅是为了自己。

严歌苓曾写过一篇文章，说写作是一种瘾，这种瘾只有自己能体会，别人没办法知晓。忽然觉得，我好像也有这种瘾了，好像每天不写点什么，不表达点什么，不呆坐在电脑前两个小时，不搞得自己肩膀酸疼，就好像日子没法过一样。

这是瘾，是戒不掉的瘾，也是不愿戒掉的瘾。

04

其实，就在我写这篇文章时，一位读者连续给我发来了四条消息，她说她要去跟辅导员要求换寝室，她说她很害怕一个人的生活，每天一个人觉得好孤独。当我看到她的消息时，瞬间就懵了，压根儿不知道她发生了什么事。

她说她很讨厌大学生活，感觉很迷茫，一个人孤独、恐惧、慌乱。我告诉她，如果跟室友不合，能换寝室的话，尽量换。还有，大学的生活是用来寻找自己、成长自己的，而不是一味把时间浪费在合群与否这个问题上。你要试着去找到自己的兴趣所在，寻得自己的人生方向。

也许很多人的大学都像这位读者一样，在刚开始的兴奋与好奇消散后，迷茫开始侵袭生活，各种成长的困扰逐渐浮出水面，室友不合、无所事事、游手好闲、三点一线、懒癌病发、手机永不离身……其实，这种种烦恼，所有人都曾经历过，只是有些人走出来了，有些人落进去了。

我告诉过很多前来咨询的大学生，大学一定要做到四个字：

折腾，梦想。只有折腾了，只有逃离寝室了，才有可能安静下来一个人思考，才能找到自己，才能拨开成长的迷雾，见到梦想的曙光。

05

　　昨天无意间在朋友圈看到一位作者发的信息，是说遇到了一个神奇的公众号，运营的人愿意出稿费买好的文章。于是，我找到了该公众号的运营者，我们聊了很久，在跟这个人的交谈中，才发现原来他年龄比我还小，只是高中毕业后便不再读书，匆忙地走上了社会。

　　一开始我还以为他一定是个大老板，才会有那么多钱付稿费。后来才知道，他只是一个平凡的打工者，他经营公众号，只因他自己也喜欢文字，他想让更多的人聚集在一起，想让更多好的文章得到尊重，所以才把自己的积蓄拿出来支付稿费。

　　他说这件事他一直不敢告诉家里人，会被骂死的。他说他也有一个属于自己的文学梦。我说，你的公众号人那么少，你这样支付稿费，没有收入，支撑不了多久的。他回了我一个微笑说，没事，能撑多久是多久吧。

　　我顿时语塞，只是觉得有种莫名的心酸。我不知道他为了梦想能撑多久，但我知道，他一定会用尽全力。

06

　　我不知道在这个世界上，还有多少人同我一样在谈梦想这个词。

还记得那个有关于梦想的段子吧。有人问：你的梦想是什么？你回答：别跟我扯梦想，早就戒了。

如今的社会，又有多少人在谈梦想呢？

有读者跟我说，写作跟民谣一样，都是又寂寞又苦的事，你一定要坚持写下去，你看赵雷不就火了吗，也许哪一天你也红了呢。我有点受宠若惊，回答：我不想红，我只想一直记录下去。

其实这段时间，除了写文章外，我几乎天天泡在新华书店看书，因为我始终认为，自己一个工程男，一个非科班出身的人，想要谋一份编辑职位，一定要比别人更加努力，所以这些天我一直在阅读各种经典书籍，想让自己同别人的距离更短些、更近些。

年轻的时候，我们勇于谈梦想，却没有行动的实力；等年老了，我们有能力了，却又迫于环境的压力，早已羞于谈梦想了。

我始终是那个不愿年老时后悔的偏执狂，我始终是那个为了文字坚持到底的工程男，也许如今的你，也正在为了梦想拼搏着，无论梦想是大，还是小，都让我们肩并肩，一路前行。

不迷茫、不懊悔、不妥协、不放弃，为了梦想，一路前行又何妨。

还未出发，莫谈白费

01

一位读者向我咨询德语学习的事情，他说自己今年刚上大一，学的是自动化，毕业了想去德国进修学习，因此想利用课余时间报班学习德语。我听后立马表示支持，并感叹他的超前考虑。

原本以为在我这里获得肯定后，他便能安心展开学习计划了，但没想到几天后他又来找我，纠结着说："学长，我室友跟我说学了德语也没用，而且学费又贵，你说到底有没有必要学呀？"我思考了良久，告诉他可以先在网上试听一些便宜的德语课程，等自己对德语有一个基本的了解以后，再报班学习也不迟。

他听完我的话后，发来这样一条消息：可是，我担心学完了以后没去德国，又或者德语太难了不适合自己，那岂不是白白浪费了大量时间跟精力吗？

我问他："你现在每天的生活很忙碌吗？"

他说："没有呀，就是白天上上课，晚上看看书，挺清闲的。"

我听后带点儿无奈地说："既然有时间就学一学，怕什么浪费时间呢？你都还没开始了解德语，怎么就怕学不懂，就怕白费精力呢？最终能否派上用场谁也不知道，何不先学了提升自己呢？"

他听后回了两个微笑的表情给我，便消失在了屏幕的那头。

我不知道有多少人同这位读者一样，做任何事之前都要先衡量一下是否有用，是否会浪费时间与精力。但我知道，人最可悲的不是半途而废的懊悔，而是从未开始的担忧。与其因为害怕白费而停滞不前，倒不如迈开脚步寻找出路。

02

在这个如此快速的年代里，时间变得越发宝贵，试错的成本变得愈加高昂，所以人好像都变得小心翼翼，生怕走错路，唯恐最终所学的东西派不上用场，白白浪费了大量时光。

记得某次我在图书馆看课外书时遇到了同学小文。小文抱着一大堆专业书籍朝我走来，翻看了我的课外书，带着疑惑问："看这些书干什么，是老师布置的吗？我怎么不知道。"我尴尬地笑了笑，说："不是老师布置的，是我自己喜欢看的。"

他听后两眼放光，带点儿激动地问我："我也一直想看课外书，你能给我推荐几本经典书籍吗？"我听后很高兴地在纸上写下了几本课外书的名字，并告知他在哪里可以找到这些书籍。他很开心，说等下立马借来阅读。

后来的几次我又在图书馆遇到小文，看他依然啃着厚厚的专业书籍，忙上前问课外书怎么样，好看吗？小文低声地跟我说："我还没看呢，感觉看那些书，以后去了工地派不上用场，白白浪费时间。"我听后不知该如何回答，默默转身回到了自己的座位。

很多时候，我们无论是做事，还是看书，都希望能获得跟付出等同的回报，生怕浪费了大量时光，正是带着这种心态，所以我们才变得如此保守，以至于最终不敢迈出前行的步伐。

03

前段时间遇到一位读者，让我帮忙给他推荐一些关于写作的书籍，他说自己打算开始学习写作。

我列了一张简易的书单给他。谁知后来他又问了几个差点把我噎死的问题，他说："我现在都大三了，学习写作还来得及吗？写作在以后生活中到底有没有用呀？能增加职场竞争力吗？"我告诉他："只要你想做，没有什么是来不及的，我也是等到大四才开始学习写作的。至于写作在生活和职场中的作用，这个我无法向你保证，毕竟每个人的情况都不同，最终所能达到的写作水平也参差不齐。"

那位读者听后有点儿纠结地回了我一句：那我再考虑考虑吧。因为我怕最终没用，那岂不是白白浪费时间了。

我不清楚有多少人像这位读者一样，想学习写作，却又怕浪费时间，最终把大量时光花在了纠结与选择中，以至于到头来一无所获。

04

民国才女张爱玲的"出名要趁早"一说，让多少年轻人一心只想走直线，最好一步登顶，免去中途的弯曲波折，好省下大好的青春时光。然而，青春不正是在一次次的试错中才得以绽放的吗？有句话说得好，不怕你犯错，就怕你连犯错的机会都没有。

在这个世界上，没有哪一件事是你做了却毫无意义的。我相信，那些从一开始就怕浪费时光和精力的人，最终只会囿于思想的岔路口举步不前，因为无论选哪一条路走下去，他们都担心是否能直达终点。

你所犯的每一个错，你所走的每一条路，都是你人生路上最宝贵的财富。你还年轻，你还有梦，你还未出发就别轻易谈浪费。只有那些勇于出发的人，才知道前方的路是否正确。

你要学会发现自己的闪光点

01

　　无意间在微信上看到这样一条留言——小午，我讨厌死如今的自己了。懒惰、自私、拖拉、不爱学习，还成天想着到处旅游玩耍。我觉得自己充满缺点，简直就是一无是处。

　　读完上面这段话，我能感受到远方传来的满满负能量。我沉思许久，给对方发去这样一段消息：每个人都是不完美的，但这并不影响我们的正常生活。

　　有人做事拖拖拉拉，但却特别爱干净；有人办事马马虎虎，但说话却一诺千金；有人生气起来爱耍小脾气，但平时却是温文尔雅，讨人喜欢的。

　　每个人身上或多或少都存在着这样或那样的优点与缺点。它们并非单独充斥于我们的身体内，而是并肩存在着的，只是在不同的场合下分别露面。你别只看到自己身上的缺点，同时，也应学会发现那些不为人知的闪光点。

02

　　看着这位读者的留言，我不禁想起高中时期的自己。那时候的我，读书差，经常被老师当反面教材批评；不懂得人际交往，朋友少得可怜；自己是个胆小鬼，上台发言腿都哆嗦，一讲话就咬字不清。

我记得很清楚，有一次是在上英语课，当时老师有个习惯，每节课前五分钟，班级所有人按着学号顺序，一个一个上台做演讲，还要自行设计一个PPT。这样一个活动，对于天生害怕上台讲话的我来说，简直就是人生的重大灾难。

当轮到我上台演讲的那天，我脑子里甚至产生过假装生病而逃课的想法，好等下一次课再演讲。但是，最终我还是放弃了这个念头。

随着一阵上课铃响起，我迈着沉重的步伐踏上讲台。然而，当我还没开口，望着底下一张张熟悉的面孔，瞬间脑子一片空白，连半句话都讲不出来。事先在家里对着墙壁准备了许久的台词，顷刻间如风一般飘散而去。

那次的演讲毫无疑问是失败的。中途不知道停顿冷场了多少次，又硬生生地憋出话来，多次干巴巴地让同学们盯着投影屏幕，自行看文字。

课后，我和当时最好的朋友抱怨，说自己真的是一无是处，学习不好就算了，连上台讲话都不行。朋友看我一脸失落的表情，惊讶地告诉我："谁说你一无是处啦？你今天演讲的那个PPT，做的超级棒的，内容非常详细，色彩搭配十分美观，我们台下几个人，都打算课后向你请教呢。"后来好友还告诉我，我虽然不善于与人打交道，又不敢上台演讲，但日常生活中的我，却是一个做事细心周到，能想到别人想不到的细节的人。

听着好友的讲述，那一刻我才猛然发现，自己并没有自我想象中的那么差劲。原来，我在别人眼中，也是有众多优点的，只是自己习惯性地忽略它，进而放大了不足的地方。

每个人的身上，都同时存在着无数优缺点。没有人生下来就是一无是处的，也没有人能够完美一生。学会看到自己身上的长处，试着接纳自身的不足，才能迎接一个更完整的自我。

03

我始终认为，成长的过程，就是不断看清自身缺陷，进而持续弥补与填充，让自己变得越来越好。

前些日子，在一场大学好友相聚的晚会上，小蕊的改变引起了我的注意。从前的小蕊，是一个典型的不自信少女，对自己的人生充满了深深的自卑感。记得当初刚上大学那会，小蕊还曾跟我说过，感觉自己一点用处都没有，什么都比不上别人。

然而那天在聚餐时，小蕊俨然变成了一位自信满满，谈吐举止落落大方的姑娘。大谈特谈自己目前的生活，以及未来的理想规划，丝毫看不到从前的影子。

我不明白为何她会有如此大的变化，便在聚餐后追着小蕊问：“你这段时间干什么去了，怎么感觉整个人都变了。”小蕊听后，脸上露出了欣喜的笑容，开心地说：“我现在发现呀，我并非从前自己认为的那样，什么优点都没有。毕业上班后，有一段时间，我非常自卑，不过后来我发现，虽然自己很多方面比不过别人，但同样也有许多比他人了不起的地方。虽然我不善于社交，但是我做事比一般人细心；虽然我从小家境条件不好，但这也促使我比很多同龄人早熟，更加能吃苦。自从我认识到自己也非一无是处的时候，便逐渐有了成长的信心，不断去改变身上的缺点，让自己变得越来越好。”

听着小蕊的讲述，再看着她如今的变化，我不禁发觉，每个人身上都有独特的闪光点，很多时候我们之所以对自己没信心，自暴自弃，是因为我们未曾发现它。

人一旦发现了自身闪烁的光芒时，便会重新焕发崭新的自信。

04

记得美国作家赛利格曼曾经写过一本书，叫《认识自己，接纳自己》。书中告诉我们，没有人天生完美，每个人都要学会发现自己的长处，看到自我闪光的一面。

优点与缺点总是同时隐藏于我们的身体之中，它们会在不同的场所下，分别以独特的形式展现出来。

人们总是近视眼，不容易发现强项的出现，反而能轻而易举地感受到生命中微小的缺陷。最终得出自己一无是处的荒谬结论。

所以，下次当你要放弃自己的时候，记得回头找一找自己身上那些隐藏的闪光点。它们并非不存在，只是你未曾发现而已。

改变，从学会接纳自己，发现自身的优势开始。

你有没有想过，你可能一辈子都无法知道自己喜欢什么

01

刷朋友圈的时候，看到一篇文章，是一位作者朋友写的。点开一看，才发现，他又辞职了。

毕业一年，他辞了两份工作。这两份工作，在外人眼中，都是耀眼光鲜的职业。除了压力大点，看不出有任何的缺点。

我很好奇，所以就在微信上问他：怎么又辞职了？工作不顺利吗？接下来有什么打算？一连三个问题，原本以为朋友会开启抱怨模式，吐槽公司的各种缺点，没想到，他只是平淡地回了一句：这样的生活，不是我想要的。我忙问：那你想要什么样的生活呢？朋友不愧也是作者，说话文绉绉的，回了一句：不知道，还在寻找，也许这辈子都找不到吧。

我被这突如其来的话惊住了。朋友的那句"也许这辈子都找不到吧"，久久回荡在我的脑海里。我这才发现，人这一辈子，想要找到自己最喜欢的事物，发现能够为之付出一生的喜好，挺难的。

可是，难道我们真的没有任何办法，清楚自己的终身爱好了吗？难道我们一辈子，都要为了生存而生活吗？

02

日复一日加班加点，赶着各种策划方案。

早晨 6 点，提包出门，挤上地铁，看着周围如机器般的人群，你内心没有丝毫的波澜。因为，你早已习惯了这一切。到了公司，打卡上班，你犹如一颗螺丝钉般，重复整理着冰冷的文件。午休间隙，同事聊着各种八卦，你在一旁吃着不冷不热的饭菜，脑海里算着自己银行卡里为数不多的余额。深夜，下班，你走出大厦，拦了一辆出租车，一上车，报了地点，便昏昏睡去……

你每天都想逃离这样的生活，却始终没有任何行动。你不知道，自己离开了这份工作后，还能做什么？哪怕这份工作，你一点儿都不喜欢。唯一能让你开心的，只有发工资那天，银行卡上增长的数字。它，是你工作的所有动力。你也曾在某个深夜痛哭过，一个人钻进被窝，想起自己大学的时光。

记得毕业的那一天，你们寝室的人，在街边撸串喝酒，你告诉他们，毕业了，你要去寻找自己想要的生活。你高喊这辈子，只做自己喜欢的事，绝不为了生存而生活。

可是结果呢？你自始至终都没找到自己的终身爱好。

进入社会以后，你变成越来越世俗，你忘了曾经的梦想，沦为了赚钱的机器。你嘴上说着要去寻找诗和远方，却从未真正行动过。你告诉自己，一把年纪了，这辈子再也找不到自己喜欢的事了。

就这样，你从二十几岁，到三十几岁，又到六十好几。人生，再无任何涟漪。

03

我认识一个大四的学生。

他，喜欢跳舞，爱好摄影。虽然读书差了点，但他却把这两项爱好，变成了自己的终身职业。并且一直热爱着它们。

曾经跟他聊过一次天，我问他："你是不是从很小的时候，就知道自己喜欢跳舞和摄影？是不是家里人从小就培养你这些爱好？"没想到，他的回复完全出乎我的意料。他说："跳舞和摄影，在大学之前，我从来没有接触过。"

他家住在农村，大学之前，除了闷头学习外，什么都不懂，更别提有什么兴趣爱好了。摄影和跳舞都是在进入大学后，他才开始喜欢上的。他说，自己这辈子，跟这两项爱好，分不开了。我很惊讶，赶忙问他是如何知道自己喜欢跳舞和摄影的，又是如何坚持到现在的？他发了个笑脸给我，说：不断尝试，持续坚持。

这八个字，简单易懂，可又有多少人能做到呢？

他说，自己大学这四年，尝试了许多课余爱好，下过象棋，创过业，摆过地摊，搞过代理，甚至从事过教育行业。当所有人都在寝室追剧闲聊时，他却在自己的一片天地里，忙得不亦乐乎。就这样，他不断探索着各种兴趣，最终找到了自己这辈子最喜欢的事物，并且持续坚持，立志把它们培养成自己的终身事业。

如今，他大四毕业，没有选择去工作，而是一个人带着相机到非洲做起了义工。每次从他的朋友圈里，看到那些美丽的照片，我都会默默地为他的生活点个赞。

04

生活中，又有多少大学生，能够像他一样呢？

大部分人都只是白天上着不喜欢的专业，晚上看着朋友圈里的花花世界，脑海里给自己安排着各种计划。第二天早晨醒来，依然背着包，上着课，和室友聊着各种八卦，回到寝室，躺在床上刷手机……

你抱怨自己没有喜欢的事情可做，却从未想过，为什么自己没有爱好，而别人却有呢？为什么自己总是对生活提不起任何的兴趣？

因为，你从未真正去找寻过。没有任何一个人是天赋异禀，对自己了如指掌的，所有人的爱好与兴趣，都是通过自身不断尝试，不断接触新事物，才逐渐清楚的。

　　人这一辈子想要找到自己的终身爱好，说难不难，说简单也不简单，全看你如何行动了。当你在抱怨自己一无所成，没有兴趣时，是否也想一想，自己为了找寻它们，付出过多少努力呢？兴趣与爱好，从来不会从天而降。它是你通过漫漫荆棘，披星戴月，最终摘得的明月珍珠。唯有通过不断尝试，你才可能发现它们，并且珍惜它们。

◇ 4　愿你既有软肋又有盔甲

是的，他们就是看你人傻好欺负

01

深夜，一位学妹找我聊天，接连给我发来了十几条消息。还没等我——浏览完，她就像霜打了的茄子一般，发来了一句伤心不已的话：他们是不是都看我傻，觉得我好欺负呀？我见状，赶忙把所有消息浏览完，才发现原来学妹被学生会的同事抛弃了。

大一那年，学妹报名应聘了学生会的新媒体部门，凭借着自己对于文字的热爱以及不俗的文笔，最终如愿以偿地进入了该部门。

从此，学妹抱着极大的热情从事该部门的工作。每天任劳任怨，即使忙到深夜，回到寝室还躲在被窝里校对排版，从未抱怨过。她心里总是想，年轻的时候多做点、多学点，总是有好处的。

久而久之，部门其他人就开始把工作推到学妹身上。编辑小陈总是喜欢以学业重为由，把不属于学妹的任务强加在她身上。特别是期末，学妹平常的作业本身就多，完成了自己的采访工作后，还要帮小陈编辑文字、做推送。每次小陈笑着求学妹帮忙的时候，她心里一万个不愿意，但拒绝的话爬到嘴边，最终，只能勉强挤出一个微笑，无奈地点点头。

就这样，她一个人从做两个人的活，到忙三个人的事，最终连部长都直接把任务甩给了她，连一声谢谢都没有。

02

因为下学期就要大二的原因，即将面临专业课的学习，于是学妹打算辞了学生会的工作。正当她准备跟部长提出申请的时候，却发现自己被部门所有人"卖"出去了。

原来，学校餐饮会新建了个新媒体部。因为刚刚成立，没有人手，所以打算从校新媒体部门调一个人去那里，负责每天微信公众号的编辑与推送。

一个人，没错，这个部门仅仅只需要一个人。每天的工作就是，到食堂拍两张饭菜的照片，然后用P图软件美化一番，最后做成文章推送即可。

一个这样一无所有的部门，当然没有人愿意去。于是，所有人趁着学妹不在，一致投票决定把她送到了该部门。当他们告诉学妹这个消息时，她的名字已经被上报给了领导，连挽回的机会都没有。

学妹听到消息时，整个人都不好了。自己为了这个部门尽职尽责，没想到却换来这样的结果。她没有质疑大家的选择，只是默默听着他们说：这个部门好，就一个人，你去了就是部长；食堂的新媒体，高大上呀，去了说不定还可以天天白吃白喝呢……

学妹在微信上找到我，问我到底该怎么办？为什么自己付出了那么多，却得不到一个好的回报呢？难道就因为自己好欺负吗？看到她一连串伤心的表情，我顿了顿，说：他们就是看你好欺负。很多时候，你不能太过于软弱，老好人并非什么值得炫耀的标签。

一个人，如果总是给人一种非常软弱的形象，久而久之，身边那些喜欢欺负他人的家伙，就会清楚你的底细，然后利用你的弱点，不断压榨你的精力，直到你筋疲力尽，直到你对他们没有任何利用的价值。

生活中，遇到对自己不利的事，强硬一点，学会拒绝、学会保护自己，才是一个人最基本的处事原则。

03

你弱他就强，你强他就弱。太软弱的人，只会任人肆意欺负。

记得大一我发过一次传单。那是以一个小组发传单的形式，带我们的是一位房地产销售部的人员，我已经忘了他的名字，只记得他姓陈，就叫他陈哥吧。

那天我们的任务，就是到商场的门店里分发传单。当我准备进入一家卖女鞋的店铺时，却被人从后面一把拽住了胳膊。我回头一看，是一个衣衫褴褛的50多岁大叔。我被他这突如其来的动作吓到了，话还没说出口，就听大叔大声吆喝：还敢来发传单，小屁孩，我要报警了。

瞬间，我整个人就懵了，不知该如何是好。幸好，陈哥当时就在旁边，他听到声音后，立马跑了过来，一把拽住我的另一只胳膊，把我从大叔手中扯了过来，然后叫我别理他，赶紧离开。

事后，我很不解，不明白那个大叔到底想干什么。于是，我私底下问了陈哥，陈哥挤了挤眼睛，说：那个人呀，就是个流氓。在这一带，看到一些发传单的大学生，就吓唬他们，找他们要钱。以前很多女生来这做兼职都被他恐吓过，纷纷拿钱给他。他那种人呀，就是看你们大学生软弱怕事，所以才欺负你们。以后再遇到这种事，不要怕，报警，看警察会抓谁。

我听完陈哥的话后，不禁背脊发凉。心想：如果当时陈哥没有及时出现，说不定我就被骗子大叔吓唬住了，然后老老实实把钱交给了他。

那一次，我才发现，社会上什么样的人都有。有些人，专门利用学生软弱、单纯、没社会经验的特点，欺负学生，甚至压榨学生。

你的软弱，有时候是你最大的弱点。

04

俗话说得好，马善被人骑，人善被人欺。有时候，太过于善良、太过于软弱，不懂得拒绝，遇事怕这怕那，并不会帮助到你，反而会连累到你的生活。你太傻、你太弱，只会使对方的爪牙更锋利。对方不会因为同情你，而不再欺负你。

别总是如此好欺负。有时候，强硬一点，反而会使你的生活更加顺畅。

你经历了多少委屈才有一身好脾气

01

不知道你身边有没有这样一种人：你一心把她视为好朋友，但她却一而再再而三地伤害你。你好不容易下定决心，从此跟她老死不相往来，恩断义绝时，又被她一副可怜兮兮的模样轻易打败了。你心想：她也不是故意的，都来道歉了，还是再原谅她一次吧。

然而，没过几天，她对你的态度又恢复到了往日那般模样，呼来唤去，指手画脚。你不知道忍了她多少次，才最终咬着牙告诉自己：我就是对狗好，也不能再对这种人好了。

02

"我要是再对她好，我就扇自己两巴掌。你把这句话截图下来，作为证据。"学妹气冲冲地跑来跟我说。我听完满脸问号，忙问发生了什么事。

原来，一切的起因都是小萌惹的祸。小萌和学妹是大学同学，这个学期，两人一同在学妹哥哥的公司里实习。本来是学妹一个人去实习的，但是家里人担心她独自一人，就把小萌叫上一起，也算有个伴。就这样，两人在公司旁边租了房子，开启了合租的生活。

学妹说："两人住一起，所有的生活用品全部都是用我的。小萌每次还一边挤着洗发水，一边抱怨洗发水质量不好，叫我赶紧换新的。吃个饭吧，也总是喊我结账，我只要多说一句，她就说我小气抠门，说别人家的同事多好多好，还请室友吃大餐。工作吧，总喜欢把她的任务推给我，说自己没时间。我只要有丝毫推脱的念想，她就立马抱怨，说陪你来这一起实习已经够累的了，你就不能帮帮忙吗？"

学妹心想：当初实习之前都说好了，纯属自愿，绝不勉强，而且那时你也是非常开心的，还感谢有一次这么好的学习机会。不料如今却怪到我头上来了。有好几次，学妹都被气得想原地爆炸，憋了一肚子委屈。下定了决心不再理她，不跟她讲话，但是好不容易搭建起来的防御围墙，又被她三两句的甜言蜜语击得支离破碎。

学妹说："不忍心呀，都是好朋友。"

03

就这样，学妹在不断地挣扎中，度过了一个月的实习生活。因为实习工作是哥哥给介绍的，所以结束的那一天，学妹跟小萌商量，决定请哥哥吃顿饭。然而，在吃饭的日期上，两人又陷入了无端的纠纷。

原来，学妹临时接到通知，吃饭那天她得回学校一趟，辅导员找她有事。因此，她跟小萌商量能不能把吃饭的日期延后一天，等自己从学校回来再做决定。原本以为这是一件再小不过的事情了，但没想到却遭到了小萌的坚决反对。小萌仅仅说了一句话，就使学妹心中积蓄多日的苦，如洪水般倾泻而出。

小萌说："不行，日子都定了，我是一个有原则的人，你跟辅导员商量一下。"

小萌的坚决，使学妹想起了往日对小萌的种种好，但小萌却对自己嫌弃不堪。

学妹说："我原本真的把她当作很好的朋友，没想到她却如此对我。"我无奈地叹了口气，说："对于这样的人，还是离她远一点吧。"

04

学妹的遭遇，让我想起了从前跟室友小羽的友谊。我跟小羽的友谊，谈不上好，也说不上坏。

曾经，我也是真心把他视为最好的朋友，但后来才发现，他并不值得我的付出。每次小羽缺什么东西，只要一开口，我立马送到他桌前。久而久之，他连生活用品都不买了，直接从我桌子上拿。这倒没事，最让我无语的是，他每次用完放回桌上的时候，总喜欢嫌弃一句：这个×××很难用呀，赶紧换了吧。

用了我的东西还被嫌弃，我真是不能忍了。

每次我下定决心不再理他的时候，他似乎总能如警犬一般，瞬间察觉到，于是主动找我谈话，还时不时给我买零食吃。我总是心软，被他那样一说，便暗自在心中原谅了他，心想他也不是故意的。可是没过几天，他对我的态度又回到了当初，在我面前一副老大哥的模样。

后来的某一次，他带着嘲笑的语气说我怎么每天都跑去看书之类的话，使我忍无可忍，最终下定决心不再理他，和他的关系回归到普通朋友。

他后来也曾多次向我示好，但我都不再接受，一一拒绝了。有些人，你对他的好，只会让他觉得自己高高在上，非常了不起。他们要的不是朋友，而是一个能够时时刻刻索取的人。

05

一段好的友谊，应该是双向的，彼此都能感受到对方的关心，而不是某一方单向的付出，另一方一边接受，还一边嫌弃。

对于一个平日里抱怨你种种行为的人，最好保持点距离。并不是每个人都值得你的真心付出。他们要的不是友谊，而是一个可以索取的对象、一个躲在身后的跟班、一个可以发泄自己心中不满的玩偶。

他们并不懂得友谊，只知道一味压榨友情。

与人聊天的时候，这种行为最烦人

01

一个人在书店看书，突然被身旁的陌生人用手戳了一下。我抬头一看，是一位约四十岁的中年大叔。他一边戴着耳机听歌，一边大声地向我询问关于教育类书籍的位置。

因为戴着耳机听歌的原因，所以他讲出来的话，音量比平时大了好几倍。在整个寂静的书店内，这声音仿佛刺耳的铃声一般，惹得众人齐刷刷向我们投来异样的眼光。

顿时，我满脸通红，觉得尴尬至极。赶忙低声告诉大叔："您声音小点儿，这里是书店。我不知道您要找的书在哪里，您可以问一问门口穿红衣服的管理员，他们会告诉你的。"

我话音刚落，只见大叔又肆无忌惮地回了句："你说什么，我听不见。"此话的音量比第一句提高了将近一倍。本在低头看书的众人，又纷纷将脸转向我们。无奈之下，我用手指着自己的耳朵，示意他把耳机摘下来。此番动作后，大叔才伸手摘下那不断向外界传来轰鸣声的耳机。

大叔问完问题后，又重新戴上了耳机，径直朝管理员走去。我不知道，他还会不会依旧戴着耳机和管理员大声讲话？

他走后，我独自一个人坐在椅子上，心想：无论是在任何场所下，与人讲话的时候，把耳机摘下来，也是一种修养。这样，既方便了自己，也舒适了他人。

02

不知道为什么，越来越多人在出门的时候，喜欢走到哪里，将耳机戴到哪里。哪怕是与人交谈的时候，依旧不愿摘下来，仿佛耳机与耳朵已经粘在一起，无法分离了。

记得前段时间我找工作面试的时候，也遇到了一位"耳机哥"。

当大家都坐在安静的大厅沙发上，等待面试的时候，也许是因为等的时间过长，无聊了，坐我旁边的一位男生从口袋里掏出耳机，听起了歌。听歌倒没关系，影响不到其他人，但尴尬的是，他每隔几分钟，还要跟我聊八卦。问我一些个人情况，然后说说自己的经历。最重要的是，他每次跟我讲话的时候，都不愿意将耳机拿下来。所以每次开口，声音都比平时大好几倍，使其他面试的人都朝我们看过来。

因为是第一次见面的原因，我也不好意思叫他把耳机拿下来。所以，只能伸出食指，抵在自己嘴唇边，示意他说话小声点。起先他还知道，尽量把音量放低。但下次再开口时，又不自觉大声了起来。最终，我实在无可奈何，只能借着上厕所的名义，离他远远的。

那一刻，我才知道，有些家伙招人烦是有原因的。你戴着耳机讲话，一来是对旁人的一种不尊重；二来会使对方陷入难堪的境地。何谓尊重他人，就是在与人对话的时候，把你的耳机摘下来。试问，你一边听着歌，一边跟人聊天，谁愿意呢？

03

记得大学有一室友，是典型的耳机控。无论走到哪里，耳机都是贴身之物。小到上厕所，大到出门逛街旅游，耳机都紧紧扎进耳朵里，享受自己的世界。

每次我们两人一同走在前往教室的路上时，他都会戴着耳机听歌，还时不时用他那响亮的声音，跟我对话。这样的行为，总能引起周围同学特殊的眼光。

我多次提醒他："你下次要讲话的时候，要么把音乐音量调低一点，要么把耳机摘下来。这样，你在讲话时，才不会特别大声，每次说话，别人都看着我们，好尴尬呀。"但是每次我提醒完，当天他能做到讲话时将耳机拿在手中，但是第二天就又忘记了。久而久之，我就不愿意和他一起走在上课的路上，不想再接受周围人投来的异样眼光。

与人交流的时候，戴着耳机本就是一种不礼貌的行为，一且你再发出刺耳的声音，让对方陷入尴尬的境地，那样你们的对话，也就只能草草收场了。

04

在百度里输入这样一个问题：与人交流的时候，戴着耳机讲话合适吗？得到的答案中，所有人都表示，这样的行为不仅不合适，还是一种极端不礼貌的行为。

尊重，是一种双向行为。当你戴着耳机发着响亮的声音，问别人问题时，如果别人不愿意回答，又或者直接甩手走人，请先试着想一想自己，是否做到了尊重对方。

摘下耳机讲话，少听两句歌词，并不会影响到你，反正音乐可以单曲循环。不能再来的，是你那份丢失的礼貌与尊重。

与人交流的时候，请把耳机摘下来，既是对他人的一种尊重，也是对自己良好形象的一种树立。

别让讨好型人格毁了你的人生

01

有一期《奇葩大会》，请来了知名作家蒋方舟。在整个分享的过程中，她自爆自己其实是一名讨好型人格的人。

所谓讨好型人格，顾名思义就是为了让别人开心，不断地去迎合他人的行为，害怕别人不喜欢自己。

少年成名的蒋方舟，从小就是"别人家的孩子"，在赞美与荣誉中成长。直到有一天，朋友问了她一个问题，说："你有没有跟朋友产生过很真实的关系？"她不理解朋友的意思，于是反问："何谓真实的关系？"朋友说，就是你可以跟这个人去争吵，可以把自己最真实、最不堪的一面暴露给这个人。

那一刻，她才意识到，原来自己这么多年来，从来没有跟任何人有过真实的关系。她害怕跟人产生冲突和矛盾，无论是在生活中，还是在职场里，她都始终扮演着讨好他人的角色。

最严重的一次是在恋爱关系中，对方一直打电话过来骂她，她很恐惧，一直在道歉，但是这种道歉，却让对方觉得很敷衍。于是，在挂完电话后，对方又不断打来。看着屏幕上的来电显示，她只能独自发抖与恐惧，不敢打过去跟对方说一句：你别再打来了，我生气了。

她说，这件事让她发现，即使是在这种如此亲密的关系中，她也始终不会表达自己最真实的情绪，不会去跟对方争吵，她非常害怕和别人起冲突，非常害怕让别人不高兴。

02

后来，蒋方舟一个人在东京待了一年。这一年的时间，她很少上网，身边也没有认识的朋友，或许正因为如此，她开始不用在乎别人对自己的评价。每一天就是写写日记、看看书，或者参观各种展览。最终她发现，正是在东京的这一年时间里，从某种意义上，治好了自己的讨好型人格，让自己从一种更远的距离去看待自己。

在回国后，某一次跟一位老师吃饭。在饭局里，当那位老师又要倚老卖老教训她时，她不再安静地听着这些话以及做出违心的应和，而是直接和那位老师对峙了起来，最后摔门而出。

当她生气走人的那一刻，她忽然觉得很高兴。因为她终于学会了表达自己内心最真实的想法，而不再恐惧他人对自己的看法。

03

听完蒋方舟的分享后，我也想起了我的一位室友——阿正。

阿正就是一个拥有非常典型的讨好型人格的人，换成另一种通俗的说法，就是老好人。在我的印象中，阿正从来没有跟任何人起过冲突，哪怕对方做了令他很难受的事，他都会勉强挤出微笑，然后说一句：没事的。

印象特别深刻的一次，是某个周末我跟阿正刚兼职回来，一到寝室，两个人都累倒了，就想躺在床上睡觉休息。然而这个时候，同寝室的一位室友，却打来电话问我们谁有空去校门口帮他拿下快递。我太累了，所以拒绝了室友的请求，而阿正却在一旁随口说了句：那我去吧。于是，他将衣服重新穿上，带着一脸的疲惫准备出门。

我很无语，问了句："你为什么要去呀？他明明可以晚上自己回来拿，为什么要叫我们帮忙，我们都那么累了。"阿正脸上勉强挤出微笑，说了句："没事的，别拒绝别人，等下别人心里难受。"

生活中的阿正，在所有人的眼中，就是一位老好人，也许恰恰就是这种好，才让他过得并不那么好。

04

在整个演讲中，蒋方舟有一句话给我留下了深刻的印象。她说：其实，真正欣赏你的人是欣赏你骄傲的样子，而不是你故作谦卑或故作讨喜的样子。

其实，讨好型人格的形成往往跟我们从小的经历与教育有关。如果我们小时候缺少父母的关爱，或者置身于一群比自己优秀的人当中，我们便会为了获取他人的关注，而隐藏自己内心最真实的想法，进而利用迎合的方式，去让他人开心或让他人注意到自己。

从小的时候，爸妈就教育我们，在学校千万别跟小朋友起冲突，要听话。一开始的时候，你会发现如果你总是说自己想说的话，以及看到谁的行为有违原则的时候，就立马冲上去说他，然而，你换来的往往不是对方的悔改，反而是无尽的冷漠。久而久之，你变聪明了。你知道想要让所有人都喜欢自己就不能总说真话，以至于最终，你竟忘了如何表达自己最真实的不满。

记得从前在事务所实习的时候，我有一段时间，也特别怕提出自己内心的真实想法。

某次工作中，同事的一份方案出了错误，当时我明明发现了，但是不敢讲出来，因为我怕他不高兴，怕他觉得我多管闲事。后来，那份方案被领导退了回来，同事问我有没有发现问题时，我才战战兢兢地说了出来。

他听完后，很激动地说："你怎么不早点告诉我呀？"

我有点无奈与愧疚地回答："我怕说出来你不高兴，所以就想着你自己会发现的。"

那次以后，我才懂得，无论是在职场中，还是在生活里，讨好型人格也往往并非给自己以及身边人带来良好的结果，有时候可能反而会适得其反。

05

其实，生活的每个人，性格里或多或少都会有讨好人的倾向。但并非所有人都是讨好型人格的人。

想要改变讨好型性格，首先别过分放大别人对自己的评价，例如发个朋友圈，连别人的点赞和评论，都要小心翼翼地思考对方的心情是否不高兴了。其次，要学会对一些不符合自己原则的行为说"不"，别总是对他人的情绪怀有愧疚的心理。有了说"不"的勇气，才能更好地取悦自己。最后，借用蒋方舟和马东在节目中各自引用的一句话作为结尾：愧疚是最大的负能量，任性是最被低估的美德。

愿你也能在生活中，表达自己最真实的想法，和身边人产生很真实的关系。

我回答完问题，然后你就消失了

01

不知道在日常的网络聊天中，你有没有遇到过这样一类情况：某个人有事找你求助，字里行间显得特别着急。于是，你立马筛选着脑海里的相关词汇，各种查资料问朋友，最后总结出了一套洋洋洒洒五百字的满意答案，给对方发送了过去，缓缓地喘了口气，想象着咨询者满意和感激的笑容。

正当你背靠转椅仰望天花板，惬意地等待屏幕那头的回复时，对方却如人间蒸发了一般毫无音讯。你一头雾水，不知对方在想什么。心里思索着：我如此认真地回答你的问题，不管满意与否，你起码说声"谢谢"吧，这也是聊天中最基本的礼貌。

02

我一直不清楚，那些在网络中向他人咨询完问题后，便消失得无影无踪的人，在生活中也是这样的吗？又或者是因为网络聊天的成本太低，双方不必面对面，也不知道下次见面是猴年马月，所以才如此随意了事。

因为写作的原因，经常会遇到各种方面的咨询。一般情况下，只要不是涉及个人隐私的问题，我都会一一解答。久而久之，我遇到了越来越多类似的情况：

"可以推荐几本写作书籍吗？我打算写作。"

"《××××》《××××》。"

"请问一开始写作如何下手呢？"

"可以先从生活日记写起来，再逐渐扩展到其他方面。"

然后，就没有然后了……

这样的问答，我不知道碰见过多少次了，而且大部分还是在双方刚刚添加好友的时候发生的。既没有开头基本的问候，也没有结尾简单的一声道谢。我觉得至少应该说一句"谢谢"吧，这样能让对方觉得心里暖和，觉得付出是值得的。

03

曾经在某次聚餐上认识了一位学弟小汪。当时在餐桌上见他彬彬有礼，待人都客客气气的，显得非常有礼貌、有涵养。就连服务员上菜时，他都不忘说一声谢谢。惹得服务员听完后倒显得有些不自在，露出难为情的笑容。当时在餐桌上，我还跟小汪互加了微信好友，我觉得这个人特别懂礼仪，肯定很好相处。

但没想到的是，加了好友以后，小汪便三天两头找我咨询问题。学生会的竞选演讲稿如何写，期末考试高数怎样复习，以及寒暑假如何坐车回家更方便……各种问题大大小小，如果懂的话，我也都一一如实回答。

一开始倒觉得没什么，毕竟学弟有难题，身为学长的我也理所应当帮忙。但是久而久之我发现了一个事实，每次我一回答完问题，学弟连声谢谢都没有，要么直接玩消失，要么只是简单地回复一个字：嗯。下次一旦还有难题时，也是直接将问题甩过来等我解答。

我很纳闷，为什么生活中的他如此懂礼貌，但在网上聊天时却给人一种"伸手党"的感觉呢？

我将小汪的反差告诉了好友，好友思索良久，说：网络上的聊天跟现实生活中的对话还是存在很大差别的。网络虚拟的属性，看不到人的对话，仅仅隔着屏幕聊天，很多人会无意识地忽略了日常的礼貌用语。现实生活中则不一样，面对面交流，压力感更加强烈，所以人就更加注重仪表与谈吐。

04

我不知道有多少人在生活中非常重视礼貌用语，但是一进入网络，就往往容易忽略了它。但是，我依然认为，你的每一句感谢，也许对你而言微不足道，但对帮助你的人来说，却是莫大的回报。

所以无论是在现实中，还是在网络里，我都希望你在有求于人的时候，先进行简单的问候，待他人帮你解答完难题后，尽量回一句简单的感谢，哪怕你当时非常忙碌。这是一种最基本的礼貌，也是一种最起码的尊重。

或许在网上求助于人，你看到的仅仅是冰冷冷的屏幕与文字，但那背后也是一个有血有肉的人，而不是一台毫无感情的机器。

网络中向人求助，也应该学会礼貌待人。只有这样，下次再请教问题时，别人才会更加心甘情愿地帮助你。

这些年最大的进步，就是学会了认错

01

大学室友杨哥，性格偏得像头驴。

四年的大学生活中，从未听他说过"对不起""我错了"之类的话。在他的世界里，仿佛从来没有"错误"这类字眼，哪怕有，也必须在"我错了"的末尾上，加上一句"那又怎样呢？"打死都不承认自己犯错，永远是他做人做事的宗旨。也正是因为这样的性格，所有人都曾对他反感至极。

印象特别深的一次是寝室集体出游，当我们在去某个景点的路上的时候，杨哥在明明已经带错路的情况下，还不肯承认自己错了，一口咬定当初那个景点确实是在那里，只是后来搬迁了而已。生活中大大小小的琐事，即使他明知自己做错了，嘴上也绝不会轻易承认。

然而，就是这样一个四年来从未在嘴皮上输过的人，国庆见到他时，竟一反常态，在约定见面的时间里，迟到了几分钟，见到我们第一眼便说："抱歉，来晚了，路上因为个人原因耽误了。"我们听完一脸惊讶，因为这要是换成以前，不管是什么原因，他都会一口咬定不是自己的过失，而是外界因素致使自己迟到的。

室友纷纷打趣他："怎么啦，现在知道从自身找原因了。"杨哥耸了耸肩，无奈地笑着说："走出社会以后才发现，性格还是不要那么倔，容易伤到身边人。错了就认，又不会怎么样。"

其实很多时候，人真的不必走到哪，都要赢到哪。

02

我不知道有多少人跟我一样，从小到大，就是嘴上不饶人的家伙，特别是面对爸妈的时候。

大四那会儿，只要放假回家，跟我爸坐在客厅看电视。不出五分钟，他便会说："都大四了，赶紧去考个公务员，毕业了先安稳下来。"每次听到这种话，我总是急不可耐地打断他，果断地回一句："你不懂，年轻的时候不能贪图稳定。那不是我想要的生活。"我犹如刺猬一般，亮出全身的尖刺，恶狠狠地抵挡他的话。只要他说一句，我就要想办法反驳回去。我的每一句话，仿佛都得将他们噎住才能证明自己长大了。

记得某次我爸被我反驳的话激怒了，气冲冲地从椅子上站起来，撂下一句："行行行，你说得都对，我什么都不懂。"那一刻，我望着我爸略微佝偻的背影，竟有种莫名的辛酸。这时候我才发现，自己那一套满分的说理，全是仗着他压根儿不会生气，才会如此轻易说出口。

那天晚上在睡觉之前，我鼓足勇气，给我爸发了条短信："早点休息，今天是我说错话了，不该那么强词夺理。"不久，我爸回了一句："你想要的生活，我日后不再干涉。但希望你以后，别总认为自己都是对的。很多时候，也要试着听一听别人的建议，吸纳他人优秀的想法。我们的建议说出来，你并不一定要照做，但也别一味反驳。"

后来的很多次，我爸跟我聊到公务员，谈起未来的时候，我总会耐心地听他讲解分析，不会再平白无故地反驳他。

人好像随着年龄的增长，身上那种得理不饶人的棱角会逐渐被磨平。我清楚这一切绝非突如其来，而是被现实一巴掌一巴掌扇出来的。

03

几个月前，回家与一个朋友相聚，当时他正在失恋期。

我很好奇，他跟女友相处了三年，有一段时间，还听大伙说两人已经见家长，即将结婚了。然而，如今却为什么不欢而散了呢？好友无奈地说了句："都怪我，做错了事，永远都不认错。"

他说每次吵架的时候，自己都喜欢据理力争，想方设法跟她讲所谓的道理，一定要赢过她。那天在电话里依旧因为某件小事吵了起来，朋友在电话那头自顾自讲了足足十分钟的话，丝毫不给女朋友插话的机会，最后还来了句：你到底知不知道呀？女生冰冷地说："不知道，也不想知道。你这个人最大的错误，就是永远都认为自己是对的，永远都要赢。"

然后，他们就再也没有见过面了。

人呀，一辈子总得有认错的时候。人生最可怕的不是犯错，而是在明知错误的情况下，还妄图用言语掩盖真相。那样，你也许会获得一时的痛快，但很可能失去最宝贵的人与物。

04

偶然间在微博上看到这样一句话：人只要跨过二十五岁以后，便感觉自己逐渐温和起来了。

其实人生的很多时候，认错是最不需要成本的。那些爱我们、关心我们的人，他们的建议与想法提出来，并不一定要我们全心全意地按他们的要求生活，只是提供一种参考罢了。有时候，大大方方地承认自己的错误，收起身上的尖刺，和和气气地倾听他们的建议，并不会有什么颜面上的损失。相反，还会让身边的人好过一些。

在吗，最怕别人突然的问候

01

　　不知道你有没有遇到过类似的情况：许久不联系的亲戚或朋友，突然在微信上找你。

　　"在吗？"

　　"有事相求。"

　　"看到请回复。"

　　……

　　这类人，最让人厌烦的地方就在于，他们不直接把事情挑明，而是先问一句"在吗"把你引出来。确定你人出现后，再说事，搞得你进退两难。

　　其实大家心里都清楚，这种多日不联系的人，突然找上门，要么是做微商卖产品了，要么是手头紧来借钱的。

　　如果是卖产品之类的倒还好办，可以委婉地推脱说目前不需要，然而一旦遇上借钱的，数目还只有五六百的，那就会让人尴尬不已。借，要冒着钱可能打水漂的风险；不借，又怕破坏了彼此之间的关系。

02

　　最近，老郭就遇上了类似的情况。

　　老郭有个远房的二表哥，属于那种游手好闲，整日赌博混日子的人。老郭跟他的联系，也就每年春节走亲访友时见一面，没有太多的关系。

然而，就是这样一个八竿子打不着边的亲戚，这两天频繁在微信上联系老郭。这家伙，不说事，一上来就是两句话：在吗？有事请求。

老郭看到这条留言时，就觉得不会有什么好事，八九不离十是要借钱了。所有亲戚都清楚，借给二表哥的钱，几乎是竹篮打水一场空了，很难再要得回来。

老郭说，微信上没回他消息后，二表哥又发了两条短信给她，内容跟微信上的如出一辙。不说事，只想把她引出来。

老郭对我说："他就不能直接把事情说出来吗？别人看了消息，如果能帮忙的，自然会联系他；不能帮或者不愿意帮的，就不用回了，彼此心知肚明。给各自留一点情面，日后也好相见。我这要是回他一句'在的'，他立马说要借钱，我又不能说没钱，毕竟大家都是亲戚，知根知底，也不能瞬间消失不回复吧，那样日后见面多尴尬。"

一句"在吗"，毁了多少人情。

03

不知道从什么时候起，一旦有求于人，特别是求助于那些许久不联系的朋友，我一般聊天都是采用"开门见山"的方式。问一句"在吗"，或者直接省略这两个字。接着，把求助的事情详细说明白。

对方看到了，若是愿意帮你，自然会回复你；若是爱莫能助，也大可默默删除对话框，各自心知肚明，日后也好再相见。

不至于落下类似这样的闲话：啊，这个人，上次有事相求，问他在吗，他回了在，可等我把事情说出来以后，他就立马跟我玩消失，不回我信息了。如此，反倒伤了和气。

你一句"在吗"，把人引出来，然后提一个令人难堪的求助，把对方陷入两难的境地，日后还如何相见呢？

04

记得有一段时间，我需要找人为新书上市写一个推荐。

一般情况下，那些经常联系的朋友，我都会先唠嗑几句，然后再说事情，因为自己心中清楚，没有什么特殊的情况，他们是愿意帮忙的。然而，对于那些不经常联系的朋友，心中没有多大把握他们能帮忙，一般我都会使用类似的对话形式：您好，在吗。我现在……把需要帮忙的事说清楚、讲明白，对方看到后，愿意帮忙回一句，不愿意大可忽略，各自心中清楚便可。如此一来，那些没有回复我消息的人，我也不会在心中难过，反倒安慰自己，他也许是漏看消息了。

经常遇到很多人，有事相求，一上来发过来一句话：在吗？

回：在的。

问：可以请你帮个忙吗？

回：什么事，直接说就行。

我总是在想，就不能直接把事情说清楚，就非得问一句"在吗？"把人引出来不可吗？等人家回你，再说你把事情说出口后，那人不愿帮忙，又不回你了，你心中岂不是更加难过吗？

05

　　一句"在吗",使多少人患上了"最怕朋友突然问候"的症状。

　　有事您直说,现在手机如此方便,对方一般都会在线,也都能看到。把话挑明了说,而不是一句"在吗",搞得屏幕那头的人惶惶不安。开门见山地详细说清楚,也许是网络上有求于人时,最好的表达方式了。

　　各自留一条退路,不为难别人,也不伤害自己。

⑤ 要把日子过得热气腾腾

我关掉朋友圈、卸载微博之后……

01

如果没有记错的话，我手机上的微博已经卸载有两个多月了，从始至终都没有再次安装。关掉朋友圈入口大概也有十五天之久，因为最新版本的微信不支持关闭朋友圈功能，因此只能隐藏朋友圈的提示入口，想看的时候，再从设置中打开。

在我卸载并关掉朋友圈的那一刻，脑海里不断有个小人跑出来警告我："你这样做，会错过很多有用的消息。"然而，我的心情从一开始的焦虑不安，到如今的波澜不惊。事实证明，我的行为并没有给我的生活带来任何损失，甚至还让我有了更多思考的空间，更多陪伴家人的时间。没了繁杂的网络社交以及冗余的媒体信息，我的生活反而变得更加美好了。

02

随着社交媒体的发达，手机成了我们最亲近的伙伴，刷一刷朋友圈几乎成了所有人每天必做的事。

以前，我也是一个出了名的手机控。早晨睁开眼睛的第一件事，不是起床刷牙洗脸，而是伸手拿起床头的手机，打开微信刷一刷朋友圈。不知道有多少人像我一样，刷朋友圈，一定要刷到上一次看到的最后一条，才肯关闭，不然总觉得有什么东西没看完，犹如有块疙瘩横亘在心中一般特别难受。

你以为刷完朋友圈以后，我就会安心地起床了吗？你错了。接下来，我还要刷二十分钟的微博，看各种流行段子与搞笑视频。当把所有东西都浏览完以后，才是起床的时间。

正因为如此，网上才有人调侃现代人，说：醒了不一定代表起床了，中间还有刷一刷的时间呢。

03

刷一刷，是如何占据我们的生活的呢？

过马路等红绿灯的时候，掏出手机刷一刷；朋友一起吃饭等上菜的时间，拿出手机刷一刷；等公交车的间隙，低头赶紧刷一刷；与爸妈一同看电视，广告时间也各自低头玩手机……手机成了我们生活的全部，刷一刷又成了手机中最迷人的行为。

有时候，明明没有动态提醒，还是会忍不住抓起手机点开刷新一次，生怕错过了什么有用的消息。刷一刷成了一种习惯，成了一种生活。

那么，为什么我们如此痴迷于刷一刷呢？

我想其中一个重要原因是缺乏安全感。

记得网络上曾做过一个调查，说什么东西能给你带来安全感。除了钱以外，手机排行第二。可见，手机对于现代人的重要性。

很多时候，我们到了一个陌生的环境，面对着无数的陌生脸庞，或者不知道如何与人交流的时候，我们都会选择玩自己的手机。它是我们最亲密的伙伴。

拿出手机，刷一刷朋友圈，看到某个朋友的新动态，点个赞，留个言，朋友若是秒回，那就再好不过了。

瞬间，孤独感与不安犹如被磁石吸收一般，消失殆尽。

04

卸载微博并关闭朋友圈的时候，我一度很恐惧，害怕会失去很多有用的消息，害怕跟朋友脱轨，没有共同语言。

结果，我想多了。

没了微博与朋友圈的日子里，我忽然发现，一天的二十四小时之中，多了两三个小时的时间让我思考，让我进行深度阅读。

跟老爸一同看电视、看广告的时间，从前老爸看我在玩手机，便不会多说什么。如今从手机中解放出来，才发现，与老爸之间的话题多了起来，原来他也有那么多话想同我说，只是一直没找到合适的时间而已。

与友人一同吃饭，点完餐，坐下来，我提议，在等菜的间隙，大家都不要玩手机。原本以为这样的行动，会使饭局陷入尴尬的境地。但没想到的是，大家你一句我一言，三言两语，漫长的等餐时间竟然悄然而过，令人怀念不已。

等公交车的时候、睡前的半个小时以及早晨醒来的时间，不再沉迷于手机之后，我开始在等车的时候观察周边事物，积累写作素材；在睡觉之前，终于有足够的时间拿起枕边的书籍，享受阅读的时光；早晨醒来，第一件事是爬下床刷牙洗脸，发现每天的精力都充沛不已。

05

离开了微博与朋友圈后，我的生活没有缺少什么，反而变得更加美好：原本沉默寡言的父子俩，变得更加具有话题；朋友之间的友谊，也不再是点赞之交，而是现实生活中的真情交往；空余思考的时间变得越来越多，二十四小时又获得了新的解放……

微博与朋友圈固然是获取信息的两大渠道，但我始终认为，信息来源于生活，从生活的点滴中获得的感知，才是最美好的信息。那些经过人工筛选过的互联网资讯，只是提供一串不带触觉的符号而已，真正的人生体验还是要回归到生活中去寻找。

别再被朋友圈和微博绑架了，离开那些冗余的信息，你会发现，最美好的就在你眼前。

大学上了不喜欢的专业，我该何去何从

01

前两天跟一位学弟聊天，他一上来便哭丧着脸问我："学长，我学的是计算机专业，但却一点儿都不喜欢它。每天上课就是在混日子，浑浑噩噩的。没有喜欢的东西，不知道未来该何去何从。"

我听后一脸无奈，半信半疑地问了句："你是真的不喜欢自己的专业吗？"

学弟坚定地回答："真的，当初报专业的时候，不是我选择的，而是家里人帮我挑的。我爸说学计算机的人，以后很吃香。当时，我刚从高三那种高压环境走出来，对专业什么的一窍不通，就只能听我爸他们的安排了。一开始，我也没觉得这个专业怎么不好了，但是，随着两年的课程学习，以及最近开始实习，我越来越发现，自己根本一点儿都不喜欢当程序员，压根儿不想天天对着电脑写代码。想转专业，但现在也来不及了，又没有喜欢的爱好，真的不知道未来该怎么办了？"

我听完学弟的一番话后，沉思了许久，然后告诉他："如果你所学的专业，真的不是你喜欢的，那你可以利用大学剩下的时光，去追求自己喜欢的事业。但是，如果你目前连自己喜欢什么都不知道，那么我还是建议你，老老实实接受眼前的一切，先把专业学好了，毕竟这是你走出社会以后，唯一可以生存的技能。在往后的日子里，多利用生活之余的时间，早日寻找到自己喜欢的事业，那时，再转行也不迟。"

当你还不知道自己未来想干什么的时候，千万别放弃那个不怎么喜欢的专业。毕竟，你刚毕业的那一段时间内，还要靠它为生。

02

和学弟聊完天，我放下手机，一个人躺在床上，想起了我自己大学时的生活。那个时候，我也曾一度非常讨厌自己的专业，却又不知道未来该何去何从。

我大学所学的专业，名叫工程管理。很多人一听到带有"管理"字样的专业，第一印象就是：大学基本学不到东西。没错，我的专业，也逃不开这样的定律。整个大学四年下来，我们专业所学到的知识，归结为一句话就是：多且广，但非常宽泛。所以，四年学下来，整个专业的同学，都产生了一种共同的感觉，就是什么知识都学了，但又仿佛什么都没学到，没有一样是精通的。

这是我不喜欢它的其中一个原因，另一个重大的原因就是，这个专业毕业出来以后，绝大部分人要到工地上工作，过起项目在哪里，人就在哪里的飘忽不定的日子。这对于像我这种恋家，又不喜欢到处跑的人来说，简直就是一场灾难。

正因为我在很早的时候，就清楚自己不喜欢它了。所以，我就充分地利用课余时间参加各种活动，在图书馆阅读各种类型的书籍，从历史到经济，再到人文社科类丛书，我试图从文字中发现自己最原始的爱好。

最终，我是幸运的。在将近两年的折腾中，发现了自己最喜欢的工作，就是与文字为伴。每天有书读，能写字，就是我最欢乐的时光。也正因为如此，在毕业后，我放弃了自己四年辛苦学到的专业知识，转行从事新媒体编辑。

那一刻我才清楚，很多时候兴趣与爱好并不会从天而降，它需要你通过不断地尝试与探索，才能听到内心真正的声音。

03

记得大学有一好友，他学的是机械工程专业。直到毕业那天，他拿着某汽车公司的 offer（录取通知）时，还一直在跟我抱怨，说自己不喜欢这个专业，未来一定要转战互联网行业。

当时我也只是听一听，根本没放在心上，心想：都工作了，还转什么行。即使不喜欢，也要好好上班。然而，就在前不久，我在朋友圈看到他发了一句话：正式转行互联网运营一职，摆脱了汽车机械专业。

我很诧异，他到底是如何做到这一点的，于是在微信上详细问了起来。这一问才清楚，原来他很早之前就知道自己不喜欢机械专业，未来想从事与互联网相关的工作。只是迫于担心一毕业就去找不对口的专业，会碰一鼻子灰。因此，他在大学期间，虽然不喜欢本专业，但还是认认真真地对待它，在学业上没有丝毫的松懈。并且，在课余时间里，尽量抽出时间，在图书馆自学互联网的相关知识。

他说，工作了一段时间以后，攒了一点钱，就去报了一些与互联网运营相关的课程，再加上自己平时的努力以及积累，所以这次才能够顺利转行成功。

你看，在大学里，很多人不喜欢自己的专业，但依然坚持学下去。因为他们知道，当自己喜欢的东西，还不能让自己过上理想生活的时候，大学所学的专业知识，是唯一能够依靠的本领。他们一边学着专业知识，一边积累着未来爆发的点滴。等到时机成熟以后，便能顺利从事自己喜欢的事业。

04

我不知道有多少人跟我一样，在大学里，一边迷茫着未来，一边学着自己不喜欢的专业。这个专业，要么是当初爸妈在我们什么都不懂的年龄里，帮我们选择的；要么是因为第一志愿没被录取，莫名其妙被调剂过去的。

对于它，我想你可以这样去对待：如果你目前有一项在毕业后能让面试官忽略你的专业，直接录取你的本领，并且你也喜欢这项事业，那么，你大可专心地投入到你所喜欢的事业中去，做你喜欢的事。但是，如果你目前还没有能够在毕业后就能赖以生存的技能，那么，无论你有多不喜欢自己的专业，也请你先停止抱怨，好好对待它，毕竟你还要靠它度过初入社会的那段短暂时光。多利用课余时间，参加各种活动，阅读各类书籍，尽量多接触一些不同种类的工作，那么，你会更快找到自己喜欢的事业。

趁年轻，多折腾。终有一天，你会寻找到，那个你愿意为之付出一生的事业。

我熬过了期末考，却死在了寒假里

01

　　偶然间在朋友圈里，看到一位读者发的一条动态：各位有什么好的电影，求推荐。寒假在家实在无聊死了，快发霉了。最后，还配了一个可怜兮兮的表情。

　　看着这条朋友圈的我，脑海里的记忆瞬间回到一周之前。我记得很清楚，一星期之前，这位读者还在朋友圈里立 flag（网络流行语，指说下一句振奋的话，结果往往与期望相反），信誓旦旦地说考完试后，寒假回家要好好充充电：每天上午背诵英语单词，为接下来的考研做准备；下午看一些考研视频，并且阅读从图书馆借来的课外书……

　　当时这条朋友圈下面，还附加了一张照片，拍的是她特意从图书馆精挑细选出来的，为寒假充电做准备的课外书籍。然而，当我再次打开她朋友圈的时候，当初立 flag 的那条动态，已经不知道在什么时候被她悄悄删除了，任何痕迹都没留下。

　　放假前立下的目标，终究是过不了假期的。

02

　　看完这位读者的情况，我忽然回想起上大学时候的自己。

　　大二那年的寒假，在最后一节英语课上，老师一边放着电影《死亡诗社》，一边意味深长地教导我们，说："寒假快到了，大家可以利用这段时间充充电，看点课外书，提前学点专业知识，或者家里有关系的，找一找相关的实习工作为将来提前做准备。"

正是受了老师话的影响，那个学期离放假还有一周的时间里，我一边复习剩下的两门考试，一边给自己安排寒假计划，并且将计划一项一项地列在了纸上。当时一同去图书馆看书的室友，看见我的寒假计划，像打了鸡血一样，第二天也弄了一份儿类似的寒假计划。

回家的那天，我们约定好，寒假的时候互相监督，相互加油打气，一起把计划顺利完成，利用假期的一个多月，努力提升自己。

我依然记得，当我把从图书馆借来的一沓书籍快递回家的时候，我姐在一旁惊讶地说："你怎么寄那么多书回来呀？要卖书吗？"我特别骄傲地回了句："什么卖书呀。这些书是寒假用来看的，我已经给自己安排好寒假计划了，每天要按时按点看二十页，利用一个寒假的时间，将这些书看完。"我姐听完后，边笑边说："得了吧，寒假一共才三十几天，又遇上春节，我看你能学多少。"

03

最终的结果，还真被我姐说中了。

我跟室友约好的互相监督对方学习，在进行了一周之后，就彻底放弃了。本来计划每天看的课外书，也在看了几天后，觉得无聊乏味，便没再翻过，取而代之的是整天捧着手机，要么玩玩游戏，要么看看视频，无聊了就躺着休息，太闲了就约几个好友到处瞎逛。那年的寒假充电计划，随着开学的前一天，我再次将那些崭新的书籍包起来，送到快递站，而告一段落。

记得寄完书籍，在回家的路上，我还试着安慰自己：没事的，所有人的寒假都是这么过来的。下学期再努力，将这段浪费的时间，补回来就行。

人总是喜欢这样，在失败后给自己找各种理由，其中期盼将来能弥补过去，是最有治愈效果的一种。

04

毕业后，再反观当初，才意识到原来的寒暑假，是一个大学生自我提升，丰富简历的最佳时期。

记得当初找工作时，我最头疼的就是简历怎么写，尤其是实习经历那一行。

某一次我跟好友一同应聘某家企业，当我们排着队等待面试官的到来时，我无意间瞄到了他的简历，看到实习经历那一行，写满了密密麻麻的字。

我从他手中借来简历，看着那些实习经历，心想这肯定是瞎编胡扯的吧，怎么可能有时间去那么多公司实习呢？于是，我就去询问好友，然而结果却出乎我的意料，他说这些实习经历，都是他利用寒暑假完成的。他告诉我，他已经有两年的暑假，没有回家了，都是跑到其他城市去实习。听完他的话，我又想到了自己的寒暑假，觉得无比惭愧。

那一刻我才发现，原来并非所有大学生的寒暑假都是在浪费时间。有很多人，早就利用你寒暑假休息的时间，要么提前步入社会，要么学习各种专业技能。然后在你安逸享乐的时候，将你甩得远远的。

　　我一直认为，大学的四年，除了在学校的时间外，寒暑假的时间，也应该算作大学的一部分，只是这部分时间比较特殊，处于无人管辖的真空地带。因此这段时间，也是人与人之间拉开差距的最佳时刻。

　　立过的目标，喊过的口号，是用来实现的，而不是拿来后悔的；大学的假期是用来适度充电的，而不是放着颓废自我的。

　　愿你这个寒假的 flag，也能顺利活过假期，并且在开学前一天，骄傲地做个假期总结。

优秀的人，从来不在乎年龄的大小

01

　　前段时间，微博上一位 96 岁的老爷爷成了"网红"。

　　老爷爷名叫沈华，许多人都亲切地称他为"华叔"。华叔今年 96 岁，从 70 岁开始健身，至今足足有 26 年，雷打不动。

　　当他开始健身的时候，身边的很多同龄人都表示不解，说都这么大岁数的人了，健身是年轻人的事，老年人就应该打打牌遛遛狗。甚至，连健身房里的小伙子，都觉得他是在瞎折腾。然而，华叔并没有被众人的看法所左右，每天下午都坚持到健身房锻炼。引体向上、单双杠这些属于年轻人的项目，华叔也能玩得得心应手。

除了健身以外，华叔还每天坚持读书看报，定时定量吃饭，不抽烟不喝酒，早睡早起，践行着一份近乎完美的日常计划表。

也正因为如此，当同龄人都逐渐衰老时，华叔却依然拥有着一身健硕的肌肉，以及活跃的思维，看起来压根儿不像96岁。

华叔靠着坚持多年如一日的良好习惯，将所有人甩得远远的，在96岁的高龄，告诉众人一个道理：优秀的人，从来不在乎年龄的大小。

02

看着华叔的事迹，我忽然意识到：一名真正优秀的人，不正是靠着日常的小习惯蜕变而来的吗？以往的一个个习惯，组成了如今的我们。

其实，我们在看身边那些比自己优秀的人的时候，总会有种感觉，他们也并不比自己强多少呀？但就是工资比我们高，获得的荣誉比我们多。这个时候，我们往往会不屑地来一句：估计就是运气好一点而已，或者遇到了贵人。

但是，如果我们静下来耐心观察，就会发现，那些优秀的人中，可能有靠运气成功的人，但是绝大部分人，都只是普通人，并没有所谓的命运加持，有的仅仅只是将生活的优秀习惯日复一日地坚持下来，最终养成了一套属于自己的良好习惯。

正如我经常会听到一些读者跟我抱怨，说看着那么多人靠写作赚钱，自己也想利用空余时间来写作，顺便锻炼一下自己的书面表达能力。

在我对他们的想法表示赞同以后，他们通常都会问一个问题：你是如何做到今天的成绩的？写作有什么诀窍或者捷径吗？这个时候，我都会无奈地告诉他们，真的没有什么捷径可走，所谓的捷径就是不断地练习。一个字：写。将写作培养成一种日常生活的习惯，久而久之，你就会发现，原来写作并不是一件特别难的事情。

我认识很多了不起的作者，无一不是在独自对着电脑吭哧吭哧地码字一两年以后，才逐渐有了名气与声望，才真正靠写作养活自己。三天打鱼两天晒网的行为，永远无法为你带来任何成功。你自律的程度，无形中决定你人生的高度。

03

著名作家村上春树，多年来之所以能够在世界文坛长盛不衰，其背后深藏的原因，要归功于他多年良好的生活习惯。

村上春树曾经在自己的自传体小说《我的职业是小说家》里提到，他多年来坚持跑步，雷打不动。他说写小说是一项非常消耗体力的活动，年轻的时候体能跟得上，但随着年龄的增加，身体逐渐变得虚弱，于是他便开始通过跑步来让自己保持旺盛的精力，为写作打下厚实的基础。

他一般都是在早晨写作，凌晨 4 点左右起床，从来不用闹钟，洗漱，吃早餐，然后快速进入工作。工作的时候，也是定时定量地完成任务。绝不因为灵感突然爆发，而断然坚持写好几个小时。

他把自己的生活安排得井井有条，读书写字，运动健身，每一个小时都不浪费，高效地完成任务。正是如此，村上春树才能写出高达 14 部长篇小说以及无数短篇小说和随笔集，成了世界文坛上一位难得一见的高产作家。

很多事做一天两天看不出效果，但是如果坚持一年两年，甚至十年二十年，那么，你就会在无形中超过许多人。

04

记得哲学家康德曾经说过一句话：真正的自由不是随心所欲，而是自我主宰，自律即自由。人生并没有那么多的幸运可言，绝大多数人的成功是在严格要求自己，高度自律的情况下获得的。

延迟满足感，改掉错误的习惯，例如抽烟、喝酒、熬夜，改为健身、读书，早睡早起。只有拥有高度自律的人生，才能获得对于时间的完美掌控，才能更加优秀。

你不努力，凭什么怪别人不帮你

01

前几天我在自己的公众号上，转发了一位学妹的一篇文章。

不久，学弟阿辉质问我："我上次叫你帮忙转发我的文章，你不是说以后不转载了吗？为什么这才没几天，就改主意啦。"透过冰凉的屏幕，我都能感受到学弟字里行间表现出来的不满与质疑。

我思考许久，回了他一句："并没有改变当初的主意，只是因为那篇文章确实写得足够好，让我有了转载的欲望。"

学弟听完我的回答，显然无法接受，发了两个奸笑的表情过来，外加一句："学长，是不是因为你们关系比较好的原因呀。如果是，那我以后也经常找你聊天……"我语塞，不知如何回答，匆忙删除了对话框。

很多时候，别人愿不愿意帮你，并非全部取决于关系的亲密程度，更多时候是由自身实力所决定的。

那位学妹除了自身文字功底强硬以外，还是一位非常努力的作者。而学弟呢？文章没写几篇，就天天吵着叫人关注他的公众号，还时不时甩来那种错别字满篇的文章，叫人帮他修改。自身不努力写作，提升文字质量，没写几篇文章，就跑来跟我唠叨，埋怨辛苦码字没人看。试问，这样的人又有谁愿意帮助他呢？

很多时候，我们能够得到他人的帮助，是因为帮助者看到了我们自身的实力与努力，才会发自内心地出手相助。自己不够努力，就别怪他人不理你。

02

如果此刻在你面前，出现两个人同时向你求助。一个整天吊儿郎当，游手好闲；一个刻苦努力，勤奋踏实。那么，你愿意帮助谁呢？

答案显而易见，谁都会愿意帮助那位努力的人。

记得从前在工地实习的时候，认识了一位同事叫小林。他跟我一样也是实习生。因为工地没有严格的打卡制度，所以小林每次都是慢悠悠地晃到现场，工作的时候，也是尽量找时间偷懒玩手机。

某次遇到大检查，上面安排的任务他没法按时完成，便跑去找带队师傅求助，没想到碰了一鼻子灰。

小林回到寝室还不断跟我抱怨，说师傅太无情，每次有问题找他帮忙，都被直接拒绝，叫他回去自己查资料学习。我不解，因为在我的印象中，师傅还是一位挺乐于帮助新手的人，每次我有技术上不懂的问题，师傅都会耐心讲解。

师傅对小林的态度，也曾一度引起我们一帮实习生的热议，总猜测小林哪里得罪了他。于是，在某次酒桌上，我带着疑问，悄悄地问师傅："师傅，为什么每次小林问你问题，你都不帮他解答？而我们问，你都会细心地为我们讲解。"师傅放下手中的酒杯，意味深长地说了句："你看他自己是如何对待工作的？三天打鱼两天晒网，他自己都不努力，我又凭什么要帮他呢？在这个社会里，你要别人帮你，首先你自己要值得帮。"

俗话说得好，你都不拉自己一把，别人凭什么拉你呢？

03

记得高中时期，有一同学人称"阿毛"。阿毛是那种典型的上课不认真听讲的学生，他上课玩手机、打瞌睡、开小差，不遵守课堂纪律。因为上课没专心听课，带来的结果便是课后作业一窍不通，连最基本的公式都记不住。

如果光是这样不学习也就算了，反正也不妨碍他人的生活。但偏偏阿毛又是一个喜欢到处求帮助，不愿自己动脑筋的人。一遇到不懂的题，自己不先查查资料，翻翻书，就立马问身边的同学，叫人给他详细讲解一番。

最常听到被问者回答的两句话就是：哎呀，这个上课讲过啦。你自己上课不听，在那里睡觉，现在还来问我；这太简单了啊，就是书本上的公式。你连书都没看，我怎么给你讲啊。

大家都说，他自己不好好听课，就知道一直要别人帮忙，谁愿意浪费时间，再给他上一次课呀。如果上课认真听了，平时也非常努力，但还是不懂，那别人倒还乐意帮。阿毛这样的，还是算了吧，帮了也没用。

很多时候，你只有自己先努力奋斗了，遇到挫折和苦恼时，别人才愿意帮你；如果你两手空空，本就未曾前行过，只想待在原地等待别人的救助，那么就不要怪别人不对你施以援手。

04

其实生活中，我们愿意发自内心地去帮助某个人，并非全部因为关系或者感情等因素，很多时候是取决于被帮助的那个人是否值得帮助。而值不值得帮助，又很大程度上取决于对方是否足够努力、足够拼搏。

一个自己都不愿努力奋斗，遇事立马指望得到他人帮助的人，即使他能得到众人一时的帮忙，也得不了一世的支持。你工作不努力，迟到早退样样精通，遇到麻烦客户就打电话求助，谁愿意帮你解围呢？一个自己都不努力的人，别人又凭什么帮助他呢？

努力的人会发光，拼搏的人能相知。只有那些自己真正奋斗过的人，才能得到他人最真心实意的帮助。

你为什么总是没有学习的动力

01

前两天回了一趟学校，在宿舍门口碰见了许久不见的学弟小林。在简单地寒暄了几句后，他略显焦虑地问我：学长，你以前是怎么坚持学习的呢？快考试了，我给自己安排的计划，没一项完成的。总是学不进去，不知道为什么？

我拍了拍他的肩膀，告诉他：你坚持不下去，那是因为你还在学校里，没有生活的压力，没有危机感，自然没有学习的动力。人总是懒惰的，很多时候坚持不是自发产生的，而是被逼出来的。学弟听完我的话后，激动地说：是呀，我也觉得自己活得太安逸了，也许我应该多出去接触接触社会，看到更多了不起的同龄人，才会有危机感，才能够逼自己一把。

很多时候，没人愿意坚持，因为坚持太累了，谁都想轻轻松松躺着。可现实是，你不坚持、你不学习，就会被众多优秀的人远远地甩开。你现在放弃了，活得潇洒自由，可你未来的人生，将变得无比艰难。

02

记得大一那年寒假，我参加了一场同学聚会，之后才又重新找到了学习的动力，在这之前的那段时间里，我基本上都在浑浑噩噩中度过。

那是一场高中同学聚餐，当所有人都在交流自己的大学生活时，我才发现自己与几个名校同学的差距正在逐渐拉大。

其中给我印象最深的是小达，他上的学校是国内排名前二十的高校。在聚会交流时，他说自己喜欢研究机器人，正好学校又拥有这方面大量的资源。于是大学第一年，他就跟着学长、学姐参加了多次机器人大赛，在获得奖项的同时，也学到了众多宝贵的知识。他不仅研究机器人，还坚持阅读课外书籍，听各种名师讲座，不断拓宽着自己的眼界。他说自己大三时准备申请美国名校读研，说自己下学期要参加一个非常重要的机器人大赛，他还是队伍中的主力成员……

听着他的大学计划，我瞬间产生了深深的自卑感。回到家中，对着那一堆厚厚的未完成的计划书，整个人瞬间被压力与危机感包围了。我开始恐惧，怕自己再不努力的话，同别人的差距会越拉越大。本来学校资源就已经比不过别人，要是再不比别人努力一点，那么就真的追不上他们了。

也就是从那一次开始，我逐渐在心中树立起了危机感。很多时候，我们没有坚持下去的动力，只是因为我们活得太安逸了。我们犹如井底之蛙，仅仅看到了洞口的一方世界，不知道世界上还有很多了不起的人在努力着。我们没有丝毫的危机感，就没有任何坚持的动力。

03

有很多人问我，你是如何坚持写作的？

我总是说：不坚持不行呀，如果我不坚持写下去，我就会在写作这条路上被人甩开。我也不想坚持，我只不过是在死撑。

坚持难吗？很难，不仅难，还很枯燥。但我们为什么又必须坚持呢？因为你如果不坚持下去，就会被其他了不起的人拉开距离。

04

很多时候，别抱怨自己学不进去，别总说自己坚持不下去。试问，谁不是咬牙坚持，只为了将来能够拥有一个美好的生活，能够给爸妈买喜欢的东西，能够给爱人挑选称心的礼物，能够给孩子一个美好的未来。你坚持不下去，是因为你总是活得太安逸。你总是以为世界上所有人都跟你一样，但你不知道的是，世界上还有很多比你厉害十倍百倍的人，依然在努力的路上孤独前行着。

如果没有动力了，试着去接触一些比你优秀的人，看一看他们是如何努力的。我想在他们身上，你能获得些许的动力。愿你在成长的路上能时常保持一份危机感，这样才能更有动力地生活下去。

求求你，千万别再拖了

01

前段时间牙痛，一开始也没放在心上，心想应该没什么大事，过几天就好了。谁知道，病情却随着日子的增长愈加严重。

最终，我从一开始的晚上睡觉时，偶尔被痛醒，到后来的彻夜难眠，只能捂着嘴巴坐等天明。

当我好不容易下定决心来医院时，医生无奈地说了句："你们呀，一开始出现症状的时候都不立马来医院，非要等到最后病情极其严重，实在忍无可忍的时候，才想到来医院。你看你的病，要是一开始出现症状，就立马来检查，按时吃药，注意保养，肯定不会像现在这么痛苦。"

我不愿意来医院，一来是不知道为什么，天生对医院有种恐惧感；二来总是心存侥幸，每当病情稍微好转时，便告诉自己，小病而已，过几天就好了。

然而，现实却总是事与愿违，小病非但未能痊愈，还往往引起大病缠身。看着医院里那一张张痛苦的面孔，那一刻，我才知道：疾病面前，人人平等，千万别再拖延了。

小病不医，必有后患。

02

《三国志》中有这样一句话：治疾及其未笃，除患贵其未深。意思是说治疗疾病要赶在病未重之时，消除祸害贵在祸殃未深之时。人有病，一发现就要及时治疗，拖延时日，病变转移，病入膏肓就难以诊治。

记得 2017 年 8 月份的时候，我突然接到家里人的电话，告知大舅得了肝癌，确诊为晚期，生命危在旦夕。

当时的我听到这个消息时，瞬间懵住了，问我爸："为什么好好的一个人，莫名其妙生了如此严重的病呢？为什么从前都没听说过呀？"我爸听后，无奈地叹了口气，说："从你大舅知道自己生病开始，到去医院检查的这段时间，整整隔了两年之久。他总以为是小病，不必去医院，就一直忍着痛苦。医生说，要是早点来医院，及时发现情况，现在也不至于这样了。"

当我回到老家，看着躺在病床上，几近奄奄一息的大舅时，忍不住落下了泪水。舅妈在一旁哭着说："一开始喊疼的时候，叫他去医院。他说不必了，过几天自然就好了，就一直这样忍着、藏着，才会导致现在这般模样。"

其实生活中，很多大病在刚开始出现症状时，一旦病人能够及时就诊，立马治疗的话，病情便会得到很好的控制，不至于最终面临难以治愈的困境。

大病，都是从小病逐渐发展起来的。

03

记得几年前，伯母突然被查出患有某种严重的妇科疾病，所有人在哀伤的同时，也都不断懊悔，要是当初一发现病情，立马送到医院检查就好了。

后来据伯母自己坦言，病情一开始，只是偶尔会出现腹部疼痛，当时所有人都没放在心上，以为仅仅是简单的小胃病而已，喝点热水，吃点胃药，过几天就好了。但谁知道，这时断时续的腹部疼痛，在持续了两年后，竟然演化成了危及生命的疾病。

当伯母主动去医院检查时，还是在她腹部实在疼得受不了的情况下，才想到找医生求助。医生检查后，说了句："再晚来一步，就很难治疗了。"

那场病，几乎花光了伯母家多年的积蓄。后来的她，在提起那场病的时候，也会时不时懊悔："要是当初稍微有点不舒服，就立马去医院检查该多好呀，也不用后来花那么多钱治疗，还差点丢了性命。"

04

疾病面前，人人平等。

千万别再抱着侥幸的心理，以为疾病不会降临到自己身上。一旦身体出现了微小的不适，就赶紧去医院看看吧。哪怕我们对医院很恐惧，也别拿自己的身体开玩笑。当疾病到来时，哪怕它最初的模样，看起来多么微不足道，都别再拖延了。身体是自己的，生命仅有一次。珍惜生命，远离疾病，将大病扼杀在摇篮里。

⑥　按照自己喜欢的方式过一生

每一段空白期，都是一场无形的增值期

01

深夜，我接到好友的来电。

电话那头，好友哭丧着脸说："毕业两个月了，还没找到合适的工作。简历投了一封又一封，全部石沉大海。看着朋友圈里的小伙伴们风风火火地开启了工作模式，整个人焦虑得快抑郁了。"

说来，好友也不是一毕业就失业的那种，大四那年他曾在某工地实习过，只是最终放弃了转正的机会。当所有人都惊讶于他的选择的时候，他说经历了实习之后，才发现自己根本不适合工地的生活，更想进入房地产公司上班。

我听完好友的话后，问他都投了哪些公司。好友一说，把我吓了一跳，他投的都是一些知名房企，难怪会毫无音讯。

　　我说，我们学校的培养方向本就是施工单位，你现在准备转到房地产企业去，我建议你先别急着投简历，利用一个月的时间，让自己放松放松，学点儿房地产方面的基础知识，到时候再投简历也不迟呀。

　　每个人的人生，都会有一段空白期。没有工作待在家里，无事可做。这样的空白期，不是为了使我们焦虑、迷茫甚至不安，而是为了让我们在这样一个浮躁的社会里，静下心来，逐渐发现自己，努力提升自我。

　　空白期，是为将来奋斗的人生做铺垫。

02

　　记得 2016 年下半年，堂哥从上海回来，在家足足待了三个月。

　　当时，所有人都不解，他为什么不工作，而是待在家里，不知情的人还以为他在提前养老呢。

　　某天，我跟堂哥聊天，说起这个疑问，堂哥告诉我："我将来打算创业，这次攒了一笔钱，辞职回家，然后让自己进入一个生活的空白期，好全身心地停下来思考自己到底最想要的是什么？好多人以为我不工作，就是在家里浪费时间，其实我每天的生活，比工作的时候还要忙碌。"听完堂哥的话，我恍然大悟。现代社会节奏越来越快，我们每个人都愈加焦灼，所有人整日都奔波在路上，从未停下来放空自己，想一想自己到底要的是什么？

　　人生是一场马拉松，比的不是谁跑得快，而是谁能坚持到最后。有时候，试着放空自己，让身心进入一种相对空白清闲的状态，倾听内心的呼唤，做自己一直想做，却迟迟没有行动的事，这样的空白期，比起迷茫还不断忙碌的人生，更加能够提升自我。

短暂的休息，是为了接下来更好的出发。空白期，不是堕落的开始，而是了解自我的源头。

03

我之前认识的一个作者，2018 年大四毕业，从朋友圈发现，他并没有找工作而是一个人背着包，到南非做起了义工。

我很诧异，忙问："你工作都安排好了吗？怎么每天还这么浪。"朋友发了个笑脸给我，说："我想利用这段刚毕业的时间，行走，读书，见人，利用这段时间，找找自己内心最真实的想法。我可不想匆匆忙忙步入职场，几年后，才发现自己压根儿不喜欢自己的工作。"

我深以为然。在这个如此快速的年代里，仿佛做什么都要求迅速简洁，就连谈个恋爱，都恨不得一个月马上结婚领证。很多人，在这样焦虑的社会里，逐渐失去了与自我相处的时间与空间，每天都被工作生活包围着，疲惫不堪。从事自己不喜欢的行业，却不敢放弃，从头再来。日复一日，懊悔当初没有先认清自我，再迈出正确的步伐。总是被时光的浪潮推着走，却不曾转身离开。给自己留一段时间，回望自己内心最真切的想法吧。

04

空白期，并不是单纯休闲的时光，它是一段用来发现自我，不断充实自己，为将来美好生活打基础的增值期。

在如此烦躁的社会里，偶尔停下脚步，让自己进入放空的状态，做自己想做的事，去一直想去的地方，发现生活中从未发现的美好，或者努力自学提升自我的专业技能，为将来更好地去工作做铺垫。

我曾经在旅游的时候，遇到过一位长辈。他说自己从几个月前辞职，到现在去遍了所有从前想去却一直未到过的地方，见过了众多许久不见的老友。他说这样一段相对清闲的时光，让他更加体会到了生活的意义，更有了重新回到职场奋斗的动力。

空白期，不是一个人堕落的开始，更不是逃避社会种种压力的借口，而是一个人寻找内心自我的时机。重新发现自我，为下一段出发做更好的准备。利用好每一段空白期，将它化为一场无形的增值期，才是你最重要的事情。

我习惯站在角落，享受一个人的落寞

01

前几天，被好友小宁叫去参加她大学室友的生日聚餐。本来是带我过去凑人数，好让场面热闹热闹，但没想到的是，我

的存在，就如空气一般，没有任何效果。以至于聚餐后，好友
频频向我抱怨："你平时话挺多的呀，今晚是怎么了，都不讲话
啊？""你看那个谁，多会活跃气氛呀，整场的人都被他逗笑了。
你回去以后，抽空学习一些社交知识，你这样，日后有什么活
动我都不敢叫你了啊！"

好友一连串的话，瞬间把我噎住，无法反驳，只能在心中默
默感叹着：我也不知道自己怎么回事，面对不熟悉的人，就是
无法做到畅所欲言。只有面对非常熟悉的人，才能放飞自我。

02

谈起整个聚餐的过程，画面至今仍停留在我脑海里。

吃饭的过程，我始终是一边夹着饭菜，一边听着众人谈话，
偶尔会附和地说一句，笑两声。从来没有主动挑起过话题，也
从来没有成为过众人的焦点。不知道是害怕什么，总之就是在
一群不熟悉的人面前，不会也不想和大家过分热烈。几乎都是
等别人提出问题，我才简简单单地回答两句，从来没想过创造
话题。

跟我的沉默寡言形成鲜明对比的是在场的一个男生——小
飞。他总是能从脑海里冒出源源不断的话题，时而搞笑，时而
严肃，将饭桌上的气氛控制得游刃有余，给他自己添加了众多
无形分。

饭后，好多人都纷纷围着他，要加他微信，与他成为好友。
也正因为他如此灿烂的存在，好友才会生气地拿他与我做比较，
劝我回去多学习一点社交知识。但我始终认为，这并非缺乏社
交知识的表现，更多的是性格因素所致。

也许我的本性就是这样，在陌生人面前，总是"吃不开"，不敢随意说话，不愿轻易表露自己，更不想成为众人的焦点，只喜欢默默地听着旁人的对话，时不时插上两句，做一位安静的倾听者。

03

那天晚上聚餐回来后，我在微信上，发了这样一条朋友圈：不知道有多少人跟我一样，和不怎么熟悉的朋友聚餐，总是不知道该说些什么，只能一味地闷头吃饭，偶尔听着别人的话笑一笑。生活中，只有跟那些超级好的死党在一起时，才能有说有笑、肆无忌惮、瞬间变成话痨。

出乎我的意料，一条这样在凌晨 12 点发出的朋友圈，竟收到 64 位好友的点赞，以及多条留言评论。在整个留言区里，多数人发出了跟我一样的感慨，说自己在陌生人或者普通朋友多的场合下，总是变得不喜欢讲话，不愿成为话题制造者，更加愿意默默地听别人谈话。总之就是一句话：陌生人面前如空气，熟人眼中似疯子。

04

发完这条朋友圈以后，微信上的一位读者找到了我，讲起了自己曾经与我类似的经历。

她说自己从小到大，在外人眼中，都是那种文文静静、话很少的女生。然而，只有真正了解她，跟她相处多年的闺密才清楚，生活中的她，其实是一个能说会道、鬼点子特别多的人。

她跟我说，刚上大学那会儿，聚餐特别多，某次闺密部门办一个活动，叫她一同前往，本想让她过去活跃活跃气氛，但没想到，现场的她却如同变了个人一般，沉默寡言。只有当别人问她问题时，她才简单地回答两句。

事后，闺密对她当时的表现非常不满，怪她使气氛陷入了尴尬的境地。于是，她想改变自己，让自己在陌生人面前也能做到像在老朋友身边一样肆无忌惮。她开始看各种演讲和口才的书籍，学习各种社交礼仪，然而最终她发现，自己还是失败了。即使对于各种人情世故了然于胸，但当真正置身于众多陌生人面前时，她又不由地回到了当初安静的模样。她说自己也曾试着去讲话去挑起话题，但总显得非常勉强。即使今天在聚餐前，刻意告诉自己，一定要多讲话，但真正到了饭桌上，又不自觉恢复了往日的安静。

后来，她终于明白，有些人的性格，就是这样。只有在非常熟悉的人面前，才能做到无话不谈；在普通朋友之间，更愿意扮演倾听者的角色。她说，这样一种性格，也谈不上好与坏。只能说，在不同的场合下需要的人不同。有些场合下，就需要那种能说会道的人；而有些情景中，则需要那些善于安静倾听的人。

05

如果你也跟我一样，总是餐桌上那个不善于讲话，不愿意成为话题中心的人，那就别再勉强自己去制造话题、控制气氛了。你的性格，更适合做一名倾听者。一次完美的聚餐，不可能整个饭桌上的人都是话题制造者，有时候，也需要那些安静的朋友，在适宜的时间点上，插几句简短的话、发两声爽朗的笑声，让聚餐更好地进行下去。

不勉强自己性格中最原始的那一面，做一名优秀的倾听者，也挺好的。

人生真的有那么多来不及吗

01

最近总是听到，身边工作了的朋友抱怨：要是当初好好学跳舞，现在说不定就是一名全职舞者了；要是大学期间多看点专业书籍，多利用业余时间去实习，如今就不会动不动挨批评了；要是十年前我就开始坚持阅读，现在说不定已经成为一位知名学者了……每每听到类似的话，我总是无奈地反问一句：既然知道当初走错了路，为什么不是选择利用接下来的日子尽量弥补过去的不足，而是在这儿一边瞎扯，一边唉声叹气呢？

这样的问题，我问了不知道多少人，得到的答案总是如出一辙，就是一句话：可惜，已经来不及了。

难道，你的人生真的来不及了吗？

02

因为写作的原因，经常会遇到很多人的咨询。

前几天一位陌生读者找我聊天，一上来就向我撂下一句话：

你说，现在离公务员考试还有几个月的时间，我明天开始准备还来得及吗？我语塞，思考许久，回了句："我不知道来不来得及，但我知道，你如果不试一试，不行动起来，一定来不及。"

我也是等到大四快毕业的时候，偶然看到一名作者的文章，觉得很受鼓舞，才选择开始写作。这期间，很多人都说你已经多大岁数了，大学都快毕业了，还瞎折腾什么，来不及了。你看那些了不起的作者，哪个不是从小就坚持写作的呢？

然而，就是在这样一个众人都认为来不及的年龄里，我却依靠自己的坚持，写出了超乎旁人意料的成绩。我从来不曾问别人，我这么大年龄了，还是个工程男，现在学习写作还来得及吗？我知道既然想做，那就行动起来。来不来得及，谁都不清楚。

正如一句俗语所说的，种一棵树最好的时间是十年前，其次是现在。如果你十年之前种了一棵树，那么如今一定是亭亭如盖，绿树成荫。假如没有，那么你就只能立马行动，用今日的勤恳去弥补往昔的不足。别等十年后，再对着满目荒凉，而蹉跎岁月。

03

因为写作的原因，认识了许多了不起的前辈。他们大部分人都不是全职写作，有的等到三十而立，才断然拿起手中的笔；有的等到膝下儿女都已长大，才一个人悄悄关在房间，对着电脑吭哧吭哧敲键盘；更有甚者已年过六旬，依然在各大平台上，跟着一群90后写着属于自己的文字。他们中的绝大部分人，从来不认为做一件事，年龄是阻碍其决心的因素，来不及三个字，也不曾出现在他们的字典里。

知名作家村上春树二十九岁开始写小说，当时的他白天经营着酒吧，晚上关店以后，独自一人坐在桌子前，拿起笔写小说。当时也有人说，你都二十九岁了，这样的一个年龄才开始写作，太晚了，来不及了。然而，村上却从未考虑过这些，他只知道只要自己喜欢，无论是人生的哪一个阶段，都能够扬帆起航。就这样，他一提笔就是三十年，最终成了家喻户晓的作家。

那些总是打着"来不及"幌子的人，最终不是输给了生活，而是输给了自己。

因为，他们从未出发过。

04

你二十岁的时候看到室友在弹吉他，你也想学，但觉得已经过了学乐器的最佳时间，所以望而却步；你二十五岁的时候，想学游泳，又觉得年龄这么大了，已经来不及了，况且学了也没什么用处，因此你选择了放弃；你三十岁的时候，看到同事能讲一口流利的英语，在职场上多次成为加分项，于是你也在心底盘算着，回家报个网上英语培训班。然而到了报名的那一刻，你还是选择了退缩。你告诉自己，人家那是从大学就开始学起来的，现在学太晚了。

在现实生活中，我们有很多想做的事，但却总是被"来不及"三个字所吓倒。其实，扯开"来不及"这个幌子，勇敢地面对生活，你会发现，我们也并没有把说了"来不及"后剩下的那些时光，花在有意义的事情上呀！

你没去学吉他，但你也没把时间用在学业上，而是宅在寝室上网玩游戏；你没去学游泳，但你也未曾将时光花在陪伴家人上，而是整天流连于各种娱乐场所；你没去学英语，但你也没在下班后努力提升职场技能，或者多考两个证书，而是把时间浪费在了无谓的追剧和消遣上。你嘴上喊着来不及，却从未想过是否真正的来不及。

别再让"来不及"成为你逃避生活的借口了，很多事情，只要你开始行动，什么时候都不迟。那些勇于直面生活的人，从来不会拿"来不及"作为自己逃避的借口。就现在，行动起来吧！

不爱麻烦别人的人，是自卑还是独立

01

从小到大，我在朋友眼中，都是那种不愿意麻烦别人的人。

有一次我上课忘了带课本，明知道室友在寝室休息，打个电话，几分钟后就能送到教室。然而，我还是选择抓紧时间，自己跑回去拿书本。

当我一副匆忙的样子推开寝室门的时候，室友看到我如此狼狈，总是满脸疑问地来一句："你打个电话就行啦，我给你送过去，怎么还特意跑回来，等下上课来不及了。"面对这种善意的询问，我总是笑着，回一句："不用啦，时间来得及的。"

关上门的一刹那，我手里紧紧攥着课本，一路小跑回教室，虽明知上课已来不及，但内心却没有丝毫的慌张，相反，还多了份莫名的踏实感。那种踏实感，来自没有因为自己的失误，而麻烦到别人，打扰到他人的时间。哪怕，他们压根儿不介意你的打扰。

02

从高中起就喜欢听五月天的那首《温柔》，偏爱那句歌词：不打扰是我的温柔。

从前一直觉得这话只是在谈论爱情里的打扰，后来发现，其实放在生活中，置于友谊里也同样适用。

大学室友杨哥，四年相处下来，给人的唯一印象就是：任何事，除非自己不能完成的，不然绝不会轻易麻烦身边人。

我记得很清楚，某次周末我们两人出门玩，其间突然快递打来电话，叫他有时间的话，到校东门口取快递。然而，我们那天的行程安排到了晚上，回去的时候，快递点肯定关门了，只能第二天再去拿。

这要是换成另一位室友老胡，肯定二话不说便打电话给在寝室的其他人，叫他们谁有时间过去帮忙取一下快递。然而杨哥遇到这种问题，哪怕寝室里的人都有空，他都不愿意麻烦他人帮忙取一下。他挂在嘴边的口头禅就是：自己能做的事，没必要给别人添麻烦。

虽然他总是不喜欢麻烦别人，但是对于他人的请求，他却是有求必应，而且从未抱怨过。相比起那些动不动就喜欢麻烦别人，开口张口就是：

"你去哪里呀，回来的时候帮我带一杯奶茶。"

"我要一个煎饼果子。""我也要，帮我也买一个。"

"我下课去买瓶水，口渴死了。""我也渴了，可乐，给我带一瓶。"

我想，这也是杨哥如此受人欢迎的一个原因吧。

03

我有时候一直在想，自己这种宁可来来回回多跑几趟，才能将事情顺利办完，也不愿意麻烦身边人的性格，到底是好还是坏？

我问了许多身边朋友对我的看法，他们的回答中，都存在两个共同的词：独立与距离。他们说，你给人的印象就是特别独立，跟你做朋友这么久，从来没被你麻烦过，你自己的事都能自己解决。除了独立外，你这种性格也使得我们之间保持了一份距离感。因为我们总觉得，朋友之间的感情，是麻烦出来的，是相处得到的，而你，却从来都不打扰我们，使我们觉得跟你的关系不是很亲切。

这样的评价，出乎我的意料，以至于他们说出"距离"那两个字时，我要绞尽脑汁跟他们解释，不是因为跟你们不熟才不愿意麻烦你们，而是个人性格的原因，自己的事还是喜欢自己做，这样心里才比较踏实。每次一麻烦别人，我内心都会产生一种深深的愧疚感。

很多时候，不喜欢麻烦别人的人，在朋友眼中，或许真的显得格外冷淡，不近人情，不把对方当回事。然而，我却总觉得，也正是因为我们看重彼此之间的友谊，才如此怕打扰到对方。

04

记得曾经在网上看过几篇文章，也是写关于那些不喜欢麻烦别人的人。

有人说这是一种病，得治。因为社交的本质就是相互麻烦，不愿意麻烦别人的人，更多的是一种自卑的表现，害怕说出口的事，被他人拒绝。也有人称赞，不麻烦别人，是一种教养。每一个爱麻烦他人的家伙，上辈子都是麻烦精。

然而，看到这类文章的时候，我总是有点不适应。我一直认为，没必要把"不麻烦"这三个字，提高到修养、教养、美德，甚至是心理问题等高度。我想，这其中更多的原因，来自我们从小的家庭教育和个人性格。

05

其实我们之所以不喜欢麻烦别人，跟我们从小接受的教育有莫大的关联。包括我在内，从小到大，家里人始终告诉我的一句话就是：长大了，自己的事要自己做。或许正是受了这句话的影响吧，长大了真的不愿意麻烦别人。

正如前一段时间所有人都在追捧的"佛系"90后，什么事都不争不抢，不麻烦别人，连打个车司机师傅找不到路，打电话过来询问人在哪里的时候，都怕麻烦别人，连忙说一句：师傅您在哪里，别动，我过去找您。

很多时候，我们之所以不喜欢麻烦他人，一来是觉得自己能做的事，自己完成就好；二来也怕因为自己的事情，影响到别人的生活。

其实，每一位不爱麻烦别人的人，内心都隐藏着一份小小的独立感。这份独立感，并非对友谊的疏离，也并非出于性格的自卑，而是多年来养成的个人习惯。本质上，并没有好与坏的差别。

谁都有最孤独无助的时刻

01

在知乎上看到一个帖子，问：人生中，你最无助的时刻是什么时候？

其中有一个高赞回答，是这样写的：

那年高三的国庆节，父亲永远地离开了我。

那段时间，父亲得了咽喉癌。虽然是晚期，但因为刚刚做过切喉手术，再加上看到我回家吃饭，父亲显得格外精神。一起吃晚饭的时候，父亲因为太高兴吃得有点急了，一不小心竟然呛到了，整个人瞬间倒在地上，双手捂着嘴巴，痛苦不堪。一瞬间，我整个人如坠入海里一般，感觉快要窒息了，脑子里一片空白，不知所措。理了理思绪，暗暗告诉自己要镇定，于是赶忙拨打 120 求助。

等了许久，120 打电话过来说找不到家里的具体位置，情急之下，我去敲邻居家的门，没想到等来的不是一双双援助的手，却是一道道冰冷冷的封闭的铁门。任凭我如何敲打，都始终没人开门。但我隔着铁皮，非常清晰地听到了屋内传来的对话声。无奈之下，我把父亲安置在床上，自己发了疯一般地跑出去找救护车。当时路上下着毛毛雨，道路泥泞不堪，在途中还摔了一跤，爬起来，擦去脸上夹杂的汗水与泪水继续跑。当我好不容易找到救护车，医护人员跟着我跑进家门时，推开房门，却看到父亲一动不动地躺在床上，整个房间静得可怕。医护人员匆忙跑到父亲身旁，看了几秒后，微微摇了摇头，但还是把父亲抬上了担架。那一连串的动作，至今都深深地刻在我脑海里。如此清晰。

从这件事以后，我就开始痛恨那些所谓的邻居。为什么拍了那么多户人家的门，却没有一个人愿意出来帮我。其实我也知道，即使有人站出来，父亲也不一定能活下去。每每想到这里，总能让我那充满愤怒的心漾出几分释怀。

往后的日子里，只要看到有人需要帮忙，我都会尽量伸出援助之手，只愿能减少一个切身感受到孤独无助的人。

02

每个人的一生中，都会经历或多或少孤立无援的场景，唯有勇敢面对一切，才能冲出重围。

谈起一个人最无助的时刻，我总会想起电影《当幸福来敲门》里的主人公——克里斯·加德纳。

克里斯原本是一位推销员，在旧金山过着平平淡淡的生活。直到有一天，公司裁员丢了饭碗，接着妻子因为忍受不了长期的贫困生活愤而离去，连同六岁大的儿子也一同带走了。没过多久，妻子又把儿子还给了他，从此他不仅要面对失业的困境，还要独立抚养儿子。多日后，他又因为交不起房租被房东赶了出来，带着儿子流落街头。

我想没有人比克里斯更惨了，失业、妻子离开、带着儿子被房东赶出家门、住在公共卫生间……然而，即使在人生最孤立无援的状态下，克里斯还是乐观地面对生活，一如往昔地坚持，并且教育儿子如何勇敢地直面困境。最终，在父子俩的共同努力之下，他们成功走出泥潭，跨出人生最灰暗的时刻，开启了全新的生活。

每一个无助的深夜，都是你绝地反击的最佳时刻。

03

我之前问过一位学长，我说你人生中最无助的时刻是什么时候？学长说是在一个人准备二战考研的那段日子。

高考那年，学长没有发挥好，进入了一所普通高校。在所有人都混日子的情况下，他立志一定要考研成功进入名校，弥补高考的遗憾。

就这样，大三那年，他一个人孤独地踏上了考研的道路。虽然第一年很努力，但还是跟理想的大学擦肩而过。于是，学长顶着所有人的不解与质疑，在学校旁边租了个房子开始二战考研。

那年夏天，知了在窗外嘶嘶地叫着，宛如在炫耀外面的世界如何美好。学长一个人宅在闷热的房间内，头顶上破旧不堪的风扇传来吱吱呀呀的声响，他一边擦着身上的汗水，一边对着试卷奋笔疾书。

每次家里人深夜打电话过来时，总能听见爸妈接连不断的叹气声，他们总说：别考了，赶紧回家找工作吧。学长没有跟他们争吵，因为他知道父母也是为了自己好。为了节省出时间看书，学长每天都点同一家外卖的同一道菜。几乎不逛街，也很少玩手机，都快与世隔绝了。

他说有段时间，真的快崩溃了。有时候深夜，看着桌子上的一沓沓书籍，真有种想哭的冲动，也想甩手大喊一声：老子不考了！但最终，学长还是一个人坚持了下来。第二年，他终于凭借自己的努力进入了理想的大学，父母也不再唉声叹气了，脸上终于挂起了久违的笑容。

那半年孤独的复习时光，于他而言，在脑子里不知道放弃了多少次，但最终还是坚持了下来，才有了最后的成功。学长的经历，总让我想起那句话：未曾独自走过黑暗的人，又怎知黎明的辉煌。

04

也曾因只身一人在异地拼搏被人欺负而痛哭过；也曾有过工资还未发下来，天天躲在房间吃泡面的日子。然后爸妈打电话过来还笑着说跟朋友在吃大餐，挂了电话之后泪流满面。

每个人的一生中，都会有孤独无助的时刻。挺过去了，眼前是海阔天空；放弃了，身后是万丈悬崖。我始终相信，生活中每一个孤独无助的时刻，并不是为了打倒我们，而是让我们学会更加坚强地面对人生。它的存在，会给予你很多东西，包括坚韧、果敢，以及独立。

那一刻，你才会发现，原来自己并没有想象中的那么脆弱。原来一个人，也能活成一支无比强大的军队。

我就是那个考公务员的同学，怎么啦

01

前几天，室友老胡在群里面喊话，问大家毕业的这一年里，都在忙什么呢？顿时，原本一片寂静的寝室群，瞬间变得热闹非凡。

当了飞行员的室友小羽，说天天忙着各种培训，下一阶段要去加拿大接受更加严格的训练，可能有一整年不能回家了；刚刚二战考完研的室友老胡，在辛苦备考了半年之后，终于离开了学校，说正计划约上几个好友，一同去英国旅游一趟；其他几个早已在工地或者房地产公司上班的室友，说除了工作以外，还忙着考各种证书，提升自己的职场竞争力。

这期间，唯独杨哥没有开口说话，只是时不时发两个表情包，表示对众人生活的认可。当大家都说完以后，杨哥依然没有讲话的意思。于是，在众人不断的强迫下，杨哥发来一句话：我……正在准备公务员考试，打算考回老家。

消息一出，整个群炸了。所有人你一句我一搭的，劝杨哥别考公务员，各种理由层出不穷，但都隐含着同一个观点，就是：那种工作是一眼望到死的人生，你怎么能忍受那种生活呢？

在众人的狂轰滥炸之下，杨哥最终也只是淡淡地回了句：那不是一眼望到死的人生，那只是一份相对稳定的工作而已。我也可以利用工作之余的时间，把生活过得多姿多彩。

听完杨哥的话后，大家都沉默了。我不知道这种沉默代表了什么，是所有人都不服杨哥的解释，觉得他无药可救懒得说了，还是被他的话点醒了，觉得自己的想法错了呢？

02

我不知道从什么时候起，身边越来越多的年轻人，喜欢戴着有色眼镜看那些考公务员的同学。对于那些考公务员的人，他们总喜欢在背后问一句：你说，那些人年纪轻轻，为什么就选择一份一眼到死的人生呢？没有半点儿年轻人的朝气，对生活一点追求都没有。

在图书馆复习时，那些背着期末考试重点，跟那些不断刷着考研英语的人，永远是众人励志的典范；而那些埋头写着申论的学生，一定是图书馆这条食物链中，最底层的存在。

很多人都有这样一种印象，选择考公务员的那些人，就是选择在二十几岁的年龄里，提前将剩下的人生安排好。有人说他们是在逃避人生，有人说他们没有年轻人该有的梦想。也正因为如此，很多时候，那些考公务员的同学，当被人问起在干什么的时候，他们总显得尴尬不已，即使说出了在考公务员这件事后，也要在末尾，云淡风轻地加一句托词：我爸妈要我考的，没办法。或者是我看着别人考，也跟着考一下，只是随便应付而已……

可是，我想说的是，你们明明选择的是一份相对稳定的工作，为什么却被众人说成了一眼到死的人生呢？难道，工作就是人生的全部？难道考上了以后，你的人生就真的一成不变了吗？答案显然是否定的。

03

在写这篇文章之前，我上网查了一下，最近几年，全国参加国家公务员考试的人数：2015 年为 141 万人报名；2016 年为 199.8 万人报名；2017 年仅通过用人单位审查的就有 148.6 万人；试问，这些人，都是在选择所谓一眼到死的人生吗？

后来，我又特意询问了几位正在备考公务员的学弟学妹。当我问及他们身边的朋友，对他们考公务员的看法时，他们纷纷向我倒苦水，说：我现在都不敢跟人谈起我在备考公务员这件事，一开口，好几个同学就酸溜溜地说，以后当大官了，别忘了我们；也有人会格外不屑地来一句，公务员有什么好的？这样你以后的人生就被固定下来了……

但是选择公务员，只是选择了一份职业，并不代表踏上了一种人生。工作与人生是包含关系，而不是完全对等的形式。

因为写作的原因，我认识了很多当公务员，或者以教师为职业的前辈。他们中的大多数人，并没有因为当初选择了一份稳定的工作，人生就变得一成不变了。相反，也正因为拥有一份相对安稳的工作，他们比那些忙于职场的人，更有时间去寻找属于自己的精彩生活。

认识一位前辈，体制内的人员。她每天除了上班以外，还坚持利用课余时间写作、开培训班、做自媒体、出书，以及每年带家里人出国旅游，拓宽见识。如今，还打算考取某大学的在职研究生，增加自己的竞争能力。

你看吧，那些选择以公务员为职业的人，也没有你们想象中的那样混吃等死，他们只是在选择一份工作而已。工作与人生，永远不能画等号。相对的稳定与一眼到死，也绝非同一概念。

04

我一直认为，那些选择公务员或者教师等在众人眼中安逸的职业的人，除了热爱这份工作以外，更多的是因为它能给他们提供一种相对稳定的状态。有了这种状态以后，他们就有更多的时间与精力，去陪家里人，去照顾小孩，去发展自己更多的爱好，去将生活过得多姿多彩。

这个世界上，本就没有什么所谓的一眼望到死的工作与人生，如果有，那也是你自己的原因，是你懒于改变，惰于行动，不思进取罢了。

那些当年选择了安稳职业的人，后来也能将生活过得精彩纷呈；而那些选择了忙碌一生的人，也可能将生活过得一成不变。人生的主人是你自己，而非一份职业。

最后，我希望，当有人再向你问起，你最近忙什么的时候，你可以很骄傲地告诉他们：我在备考公务员。

⑦ 我想你会温暖如歌

毕业了，但是我们不说再见

01

毕业聚餐上，所有人都喝得醉醺醺的，在泛黄灯光的照耀下，脸都显得格外红润。我想，大概是酒精与离别的双重作用吧。

离别，总是如此令人伤感。

海阔天空，在勇敢以后，要拿执着，将命运的锁打破……

班长和团支书合唱着这首信乐团的《海阔天空》，台下很多人都伴随歌声，跟着他俩哼唱了起来。

音乐响起的时候，我看着 MV 里的画面，听着那熟悉的开场白：我曾经很惶恐我的未来，但是现在回想起来，即使没成功，我也不会后悔。举起桌前的酒杯，一个人默默地灌了一大口。我不知道是酒精的苦涩，使我眼角泛起了泪花，还是这满屋子的离别情绪，使人不由地怀念过往。

这首歌是我这四年一直喜欢唱的，在手机里整整保存了四年。其间换了一次手机，拿到新手机之后，也是立马把歌曲下载下来，生怕晚上失眠的时候没有可以听的歌曲。

歌依旧是当年的歌，MV 依然是最早的 MV，但当年一同唱歌的那些人，那个信乐团，却早已分道扬镳。而今，我们在这首歌中，结束了四年的生活，从此各奔东西。

总觉得剑还未配妥，出门已是江湖。

02

班长唱完歌后，老毕摇晃着胖乎乎的身体走上台，准备给大家来一段离别祝语。

老毕代表全班致词的时候，讲着讲着竟然哭了出来。他摘掉眼镜，抹了抹泪水，即使他已经尽量把话筒远离嘴边，但他的哭声，还是透过凝结的空气，传到了所有人耳边。老毕讲了很多话，但我却早已记不清了。唯一记得他说过一个调查，就是人这一辈子，相遇并且能够记住名字的人，不过寥寥一千人。而我们，都是对方生命中那一千人的一分子。

我不知道老毕这个调查结果从何得来，也不愿意去追究是否正确，只是想说，很荣幸，我们都曾相遇过，都曾出现在彼此生命中最灿烂的四年里。

后来，我找老毕敬酒，问了很多人，大伙都找不到他。情急之下，拨通他的电话，才知道原来他在讲完话以后，便一个人揣着一瓶酒，打车回到了寝室。他说，他不想让别人看到他哭的样子，只能选择先离开。

03

杨哥，四年来从没喝醉过，聚餐那天却喝得不省人事。我看着他端着一杯杯装满酒的杯子，穿梭于各个酒桌间，就知道他今晚铁定会喝醉。

上厕所的间隙，推开厕所门，看到老胡一人，躲在厕所的角落里抽着烟。我没有多说什么，因为从他的脸上，我读出了伤感。不愿多问，有些事，不说出口，放在心里，也是另一番祝福。

所有人，都在用尽全力去告别。所有人，都在举起酒杯的那一刻，互道一句前程似锦，互慰一句永不走散。

然而，又有多少人真的永不走散呢？我们都要学会孤独地成长，我们都会遇见新的一批人，然后逐渐忘掉曾经一同嬉笑怒骂的那帮伙伴。他们的面孔或许依然还会在某个深夜里出现在你的梦中，但却很难再出现在你的生活里。

04

大概9点半，老胡和杨哥约好了去万达唱歌，问我去不去。我看了看手机，摇了摇头，告诉他们我要回去休息了。

阿正选择了一个人回寝室，没跟他们一同去唱歌。不知道为什么，平时爱喝酒的他，今晚却滴酒未沾。只是一个人躲在角落里，抱着一瓶橙汁，逢人过来敬酒，便凑到人耳朵上叨两句，以手中的果汁代替酒精，一饮下肚。我猜，他大概是想以一种最清醒的姿态，看着所有人告别的模样。最后一次记住众人的面孔。

我跟阿正在酒店门口道别后，上了辆出租车，跟师傅说了目的地，朝窗外挥了挥手，我摇下车窗，看着整座城市，夏风吹在脸上，没有刺痛，但也不那么温柔。四年的点点滴滴瞬间如洪水般侵入脑海，令人无法自拔。

依然记得第一天到学校的画面。那是一个炎热的午后，我跟我爸，坐了十八个小时的火车，终于抵达芜湖。芜湖原先的火车站始建于 20 世纪 70 年代，非常的古老。我跟我爸走下火车的那一刻，还以为到了一座无人的县城。

如今，老火车站早已拆除，新火车站已投入使用。宏伟的设计，锃亮的玻璃幕墙，跟老火车站形成了鲜明的对比。不知道多年以后，还有多少人，记得当年那个虽破旧，却古朴的车站。

05

整个寝室六个人，老胡选择了二战考研，三个人签了工地，唯独我还在犹豫不决。老胡问我几号回家，我说还不确定。他很郑重地说，回家的时候记得告诉我一声，我在芜湖，去车站送你。我笑了笑，说：算了吧，我不喜欢离别的画面。

杨哥跟老胡他们四人，都一同选在 28 号的早晨离开。他们问我到时候去不去车站送别，我想了想，说到时候再说吧。不是不想去，只是不喜欢离别的场景。

我一直很清楚，自己是一个不善于告别的人，所以始终很害怕这种离别的时刻。每当人生中遇到这样的场景，我都会尽量选择逃避。总觉得，有些事，不去看，把所有祝福都留在心底，对我而言，是另一种更好的方式。

我们所有人都不知道，这次离别，下次相聚将会是什么时候。尤其是我，再来安徽的机会，也越来越少了。

我不知道十年以后，我们会是如何的模样，会在何方陪着谁喝着酒，唱着歌，但我想，我们一定会记得大学里那群熟悉的面孔。释怀了所有不悦与敌对，曾经的吵闹与冷战，都在转瞬间消失得无影无踪。在这样一个特殊的夜晚，没有人记得曾经的恩怨，都只关心下次何时再见。

也许，下次再见，我们都早已成家立业，有了各自的人生。但我相信，即使我们再无交集，即使我们的面容都已渐渐模糊，即使我们相隔千里，都会在对方看不到的世界里，为对方默默送上一句祝福，感谢对方曾参与过你我的人生。

朋友啊，何时再见，早已不再重要。重要的是，你能在没有我的日子里，活出最精彩的自己。

与人方便，是一个人最大的修养

01

我前一段时间打车去好友家，因为知道好友家偏僻，门前是一条单行道，汽车若是进去后，便很难掉转车头。因此，在快抵达好友家之前，我就事先跟出租车师傅说："师傅，等下车子就停在路口，我自己走进去就可以。不然里面不好掉头，进去了会在里面耽误好长时间。"

师傅听后，看了我一眼，连忙笑着说谢谢，我也回了一个微笑，示意不客气。接着，师傅叹了口气，说："遇到你这样的小伙子真好。我前几天遇到一位顾客，前方明明是条死胡同，非要我把车开进去，送到家门口才行。"我听了师傅的话，很诧异地问："您没跟她解释说，车子进去了以后就不好出来了吗？"师傅扭头看了我一眼，然后无奈地说："有呀，我都跟她说得很明白了，进去再出来太耽误时间了。如果可以，就十几米，自己走进去，我少收点费用。谁知道，那个女孩死活不肯，说打车就要把顾客送到目的地，而且这么热的天气，她才不愿下来走路呢，等下妆都花了。"

师傅说，自己把她送到目的地后，在胡同内掉车头足足花了半个多小时。对于一名出租车司机来说，时间就是金钱呀，这半个多小时，如果没有浪费在这里，也许还能多拉几个客人呢。师傅说，这都还没事，最让他无语的是，最终那位顾客还给了他一个差评，仅仅是因为他提出不进胡同的建议。

师傅话音刚落，车子便停了下来，我跟师傅道别后，脑海里不断闪现出一句话：与人方便，是一个人最大的修养。

02

生活中很多场景，我们明明可以通过自己的行动，给对方带来方便，但许多人却不愿意，仿佛这样的一点小行为，会让对方占了大便宜。

记得毕业论文打印那会，寝室几个同学，都对着自己的电脑马不停蹄地修改着格式，盼望着早点修改完，早点拿去打印室打印。

其中一个同学小羽，他偏偏自己不修改，拿到打印室去，让负责打印的阿姨帮忙修改。他说自己很多不懂，还要一个一个百度查找，倒不如拿到那里，阿姨看了肯定会帮着改的。

室友小张听完小羽的话后，带点愤怒地说："人家打印室的阿姨现在也忙得要死，所有毕业生都在打印，哪里还有时间帮你修改呀。"小羽听后，一脸无所谓的样子，说："那不行，我们在她那儿打印，她就有义务帮我们修改。以前人少的时候，也帮我们修改过呀。""现在跟以前能一样吗，人家现在这么忙，还要帮你修改，你就不能自己改完，再去打印吗？"小张后来又说，"你自己辛苦点，给别人点方便，会掉块肉吗？"小羽听完二话没说，夺门而出，留下了一个潇洒的背影。

看着小羽的行为，小张愤懑地说了句：没修养的人，整天麻烦别人，不给人方便，就怕别人占他便宜。

03

古语有云：与人方便，与己方便。意思就是给别人一些方便，也等于给自己带来方便。因为，一般来说，你付出的越多，日后自己有难，得到他人帮助的可能性就越大，机会也会越多。

小羽，是我们寝室这四年来出了名的麻烦精。无论上课，还是出门，从不带寝室钥匙，每次回来，都要在门前大声嚷嚷叫人开门。所有人好几次质问他，为什么不带钥匙。起先他会说忘了，后来次数多了，就自然而然改成了不喜欢带钥匙，太麻烦了。反正寝室总是有人会给我开门的，不怕。

印象最深的一次，是某个周末，室友都回家了，只留下我和小羽两人。白天我见小羽要出门，特意叮嘱了他一句：记得带钥匙啊，我有可能不在寝室。但是，即使我这番叮嘱后，那天他出门，依旧没有带钥匙。那晚他回寝室时，我正好在图书馆看书，他被困在宿舍外，就使劲打我电话。我书都还没开始看，就只能乖乖收拾东西回寝室，给他开了寝室的门。当时我超级生气，回到房间后，直接问他："早晨不是跟你说了记得带钥匙吗，怎么又忘了？"他听后很平淡地回了句："我以为你会在寝室的，就没有带。"

小羽的种种行为，曾多次引起了几个室友的不满，后来他有什么事找我们，我们都避而不见，懒得帮忙了。

生活中有很多人，明明可以自己搞定的事，却偏偏喜欢麻烦别人，而且从未觉得愧疚过。往小了说，这是一种不良习惯；往大了说，这是一个人从小培养出来的修养问题，懂得与人方便的人，更加具有同理心，更能得到他人的帮助与理解。

04

很多情况，看一个人的修养，往往看他对待朋友的态度。一个懂得与人方便的人，走到哪里都会很受欢迎。而一个整日麻烦别人，将自己的难处强加于他人身上的人，一定不会得到太多的尊重与帮助。

赠人玫瑰，手有余香。我始终相信，在合理的场合下，适当地为别人着想，给予他人良好的方便，是一个人最大的修养。

你可以走得慢，但是绝不能停

01

很多人以为上了一所二流大学，未来四年就毁了，后面的人生就黯淡了，仿佛把所有的赌注都压在了一座城市、一所大学身上，但殊不知大学生活仅仅是你漫长人生路上的一小段不足为奇的路，真正影响你的人生，决定你成长的是你自己，是你那不断前行、永不停歇的脚步。

有人说，上了好大学，就像人生进入高速轨道一样，从此高人一等不愁未来在何方。而那些上了二流大学，甚至不入流院校的学生，人生从此举步维艰、停滞不前，即使跑得再快，再努力，永远都只能停留在缓慢且锈迹斑驳的铁轨上。因此很多人选择孤军奋战拼死考研，去改变命运，也有很多人选择筹资借款出国深造来争取未来。

其实这所有的举动，都只为了让自己在这场漫长人生的路途中，能够从列车轨跨越进高速路去实现最终的梦想。

我不知道以上的说法，各种各样的做法到底是对还是错，因为这一切本就没有一套基本的评判准则。但我清楚，无论你是身处名校，还是普通大学，只要你一直勇敢地走下去，只要你不断地坚持，只要你的脚步不停歇，总有一天你会变成自己想要的模样，实现最初的梦想，达到最终的目标。

02

小木是我的一位读者，那天她打电话给我时，我还在招聘会现场，没能立马接到。当我晚上回到寝室时，就立马拨通了她的电话。在几次未接听，我正准备去洗漱时，她突然回拨了过来，我赶忙接起电话。

"怎么啦，小木？"我急匆匆地问。

小木没说话，但电话那头传来了她略带沙哑的哭声，我一听慌了。我不敢多说什么，生怕伤到她。于是小心翼翼地问：

"发生了什么事？你告诉我也许我能帮到你。"

　　小木顿了顿，电话里瞬间变得异常压抑安静，仿佛能透过听筒感受到对方的呼吸。许久，小木开口说话了，她向我讲起了自己的故事。

03

　　小木今年大一，高考之前成绩一直名列班级前茅，当所有人都认为她能稳妥地考上所在城市的 985 名校时，她却失误了。最终来到了某西部城市的一所二流大学。也许高考这件事，真的带点命运造化吧。

　　小木说高考给自己带来了沉痛的打击，来到大学，面对着眼前不如意的一切，学校学习氛围差，没有志同道合的伙伴，专业才开设不到两年，对未来前途一片迷茫，这种种的现象使她伤心痛苦到了极点。更加无奈的是，她发现自从高考失败后，家里人也不再相信她了。从前她做什么决定家里人都是她最坚强的后盾，现如今无论是爸妈，还是七大姑八大姨，对她所做的决定都持否定怀疑的态度。

　　学校的情况本就压得小木喘不过气来，现如今爸妈的态度更是让她痛苦到了极点，她说她想考研，想进一步深造，但是遭到了她父母的反对。

　　以前常听人说，即使你的梦想在外面的世界里遭到多少人唾弃与不屑你都不应放弃，因为你要相信在这个世界上还有你最爱的人在家里守着你，默默支持着你，那就是你的父母。可是这些话在小木身上完全被否决了。

04

说着说着小木竟然哭了起来，撕心裂肺。我很想安慰她但实在不知道该如何安慰。我想这时候，纵使我有千万句安慰开导的话，都抵不过做一个沉默的听众，听她哭，听她把内心所有的不悦与无奈说出来，哪怕我俩素未谋面。

大概聊了一个小时，电话的结尾小木平静了许多。她问我，到底是该听大家的话，停下追逐梦想的脚步，还是背上所有的不解与阻挠，负重前行。

我愣了一下，想了想然后告诉她：如果真的想考研，真的想到更高的平台去深造，那么就坚持自己的想法吧。没有人会知道未来结果如何，也没有人能够仅凭自己的只言片语就来决定你的人生，相信你自己，试一试吧，走起来才知道路在哪。最怕的不是你走得慢，而是你根本未曾出发。

很多时候，我们面对外界的质疑与阻挠，真的会在某天大清早醒来时，躺在床上两眼直愣愣地对着天花板，然后怀疑自己到底是不是错了，怀疑自己到底该不该继续前行。但是，你忘了，那些所有在你背后告诉你别挣扎，劝诫你赶紧停下脚步的人，难道他们就知道未来吗？难道他们有未卜先知的能力吗？

他们没有。

如果最终你失败了他们会哀叹，谁叫你当初不听老人言，吃亏了吧；但如果你成功了，他们同样会换一种态度，套上一层充满笑意的嘴脸，乐呵呵地跟你说，你真棒。

05

很多时候，我们真的不怕走得慢，不怕起步低，最怕停下来。因为一旦停下来以后，想要再出发就变得无比艰难、无比痛苦了。因为那时候，生活早已把你捆进安逸的牢笼里，无法动弹。

在这场人生的马拉松中，你真正要做的，不是跑得更快，而是要走得更远。你可以走得慢，但是你不能停下来。生活也许艰难，梦想也许遥远，前方也许荆棘丛生泥泞不堪，但我依旧希望你一直走下去，不停歇，即使走得很慢。

你也不懂得如何安慰别人

01

最近收到读者欣的留言，她说自己有一个困扰已久的问题：不懂得如何安慰别人。

欣的好友最近因为工作原因，事情各种不顺利，于是约欣一起到咖啡店聊聊天。见面的时候，欣看着好友一副无精打采的模样，却不知该如何安慰她，只能在一旁默默陪着不说话，场面一度陷入尴尬的境地。

欣说看着好友垂头丧气的样子，自己心里也难过。想说点什么安慰她，却又不知道该从何说起，只能默默地陪着她，不断抿着桌前的热咖啡。

欣告诉我，她不知道如何安慰别人，每次从电话那头听到朋友说不开心的时候，整个人恨不得立马出现在好友面前，安慰安慰她。可是，真的见面了，却又不知该说些什么。她很苦恼，来询问我如何安慰别人，我笑了笑，告诉她：每个人安慰朋友的方式都是不同的。没有什么特定的安慰人的方式。有人喜欢在朋友难过时陪她一起吐槽各种不好的事，也有人更愿意陪着对方一起保持沉默，只要陪在身边就好。你并不是不善于安慰别人，只是你安慰他人的方式叫做：沉默的陪伴。

02

最近常听人说：陪伴是最长情的告白。对爱情而言是如此，对友情也同样适用。

其实从小到大，我也始终不是一个会在朋友失落时，给他叽里呱啦讲一堆笑话，或者带着他一起唱歌喝酒各种嗨的人。相比于这些带点疯狂的举动，我更喜欢约好友一同出来，坐在静谧的咖啡店的某个角落里，伴随着轻柔的音乐，听着好友缓缓诉说出心中的烦闷，然后告诉他一句：一切都会好起来的。再差，还有我在嘛。

记得大学时我有一个非常要好的朋友——阿毛。大二的时候，阿毛和谈了两年的女朋友分手了。原因不得而知，我也不好意思详细询问，唯一知道的是女方先提出的分手。

分手以后，原本整日嬉皮笑脸的阿毛如打了霜的茄子般萎靡不振。上课不再认真听讲，而是趴在桌子上发呆；午饭时间，连最喜欢吃的猪扒饭都没吃几口，就平淡地说了声饱了；傍晚下课，也不再一起打篮球，而是一个人躲回宿舍，钻进被窝抹眼泪。

　　看着阿毛颓废的模样，作为平日里与他关系最好的朋友，我心里也挺难受的。但是听着周围同学一个个的劝慰都没有效果，我也不知该如何是好。身边的朋友轮番劝他看开点，一有时间就给他洗脑，说感情是双向的，没有谁离不开谁，说不定下一个遇见的更好呢。反正说来说去就那么几句，都是网上被人用烂的安慰话，阿毛自然也是左耳进右耳出，完全没往心里放。

　　我不知道该怎么办，就只能每次晚自习后，约阿毛去操场跑步，一圈又一圈，整个过程，全然不敢提关于爱情的话题。

　　某次跑完步，两人坐在草地上休息，阿毛突然问我："不知道为什么，跟你一起跑步整个人心情爽多了。大家都劝我看开点，为什么就你没说一句安慰的话呢？"我笑了笑，然后说："因为我不知道要说什么啊，我觉得那些安慰人的话，你都听了太多了都没用，倒不如陪你一起跑跑步。"很多时候，对于失落的人来说，安慰的话他早就在心中不知道告诉自己多少遍了。他需要的其实已经不是话语上的支持，而是有一个人能真的陪在自己身边，让他感受到陪伴的温暖，让他知道即使天塌下来了，他也不是一个人在撑着。

03

　　我不知道，有多少人如我一般笨拙，安慰人的话没说几句就词穷了。

　　因为写作的原因，经常会收到读者的留言。大部分来找我的人，都是在生活中遇到或多或少不顺利的事。有关亲情、爱情、友情，也有学业上的难题。

其实，每次收到这种留言时，我都显得不知所措。因为我知道，我并不善于用语言去安慰别人。有时候会想，干脆放着不管吧，免得回答完，还被人说随意敷衍。但是转念一想，既然他来找我诉苦了，也是对我的一种信任。回复的内容如何是一回事，至少得让对方知道，我看了他的留言，我会听他的倾诉。所以，每次我想不出来如何安慰别人的时候，我总是发两个拥抱的表情给对方，或者说一句：没事儿，都会好起来的。有什么问题，尽管在后台留言，我看到后会立马回复的。

我总是认为，既然不懂得说太多能够使人宽心的话，那我就让对方知道：我，一直在；你，尽管说。

04

安慰人的方式有千百种，每个人擅长的也不尽相同。虽然说言语上的安慰，确实能让对方更加真切地体会到你的关心。但我知道，并不是每一个人都善于表达，特别是在面对一个失落的朋友时。话说多了，反而可能使对方觉得更加烦躁。静静地陪伴，默默地倾听，偶尔三两句安慰的话语，也不失为一种良好的安慰人的方式。

如果你也像我一样笨拙不堪，面对朋友的烦恼时手足无措，那么就试一试安静地陪着他，让他说，或者跟他一起去做他喜欢的事，不问为什么，只要在对方需要你的时候，始终陪在他身边就行了。

陪伴，也是一种安慰人的方式。

致老朋友：我不敢再联系你了

01

昨晚临睡前，我一个人躲在被窝里玩手机，突然收到佳佳的一条微信。

"最近忙什么呢？好久没联系了。"

看到消息的那一刻，我愣了一下，双手搭在手机屏幕上，想了许久，才硬生生憋了句：没忙什么呀。

她的突然问候，显然出乎我的意料。在我印象中，我们已经有将近一年没有正式地联系过了，唯一的交集，只剩下朋友圈里的点赞，连评论都没有。

我们曾经是高中前后桌，三年来无话不谈，小到课间休息，大到晚自习，每天都有讲不完的话题。那时的我们，都把对方当成这辈子最好的朋友。后来，随着各自上了不同的大学，到了不同的城市，最初还会通过电话，互相吐槽在大学里遇到的各种奇葩人士，但随着时间的深入，各自都结交了新朋友，有了新的生活。于是我们的联系，由电话转到了微信，再由微信变成了朋友圈。

这次佳佳突然找我聊天，我还刻意翻了翻我们上次的聊天记录，却发现不知道什么时候已经被我清除了。使劲回忆上次讲话是什么时候，记忆却像被莫名抽空了一样，无从想起。

02

　　与佳佳简短地聊了几句后，她还是老样子，给人一种活泼开朗的感觉。当她问我为什么没主动找她聊天时，我在屏幕那头有点尴尬，想了足足两分钟，打了又删，删了又打，才回了句：看你朋友圈，知道你很忙，所以不好意思吵到你。

　　我始终不知道，有多少人像我一样，不敢联系老朋友，每次在朋友圈里，看到他们跟你不认识的人合照，照片上笑容如此灿烂，你总觉得心里有一点别扭，然后默默给他点个赞，便迅速刷到下一条动态。

　　很多时候，我们之所以不联系老朋友，除了因为懒以外，最大的原因，便是那种久违的陌生感带来的恐惧。你怕联系了，没什么好说的；你怕联系了，得不到对方回复；你怕联系了，双方因为没有交集而陷入尴尬聊天的地步……其实，更多时候，跟老朋友见面或聊天，并没有你想象中那么可怕。

　　我跟佳佳那晚聊了很久，谈了许多彼此之间的生活，虽然隔着屏幕，但脑海里仍不断浮现着对方的模样。哪怕许久未联系，但我们仍没忘记对方。

03

　　和佳佳聊完以后，我一个人躺在床上，突然想起高中好友彬。

　　前段时间，他发了一条微信消息给我，我没看到消息内容，因为当我拿起手机的时候，看到的只是一句系统提示：对方撤回了一条消息。

一瞬间，我下意识地点开彬的头像，进入他的朋友圈，看到他最近跟同事的各种合照，照片上的他一身职业装，左手插进裤兜里，右手搭着一位我不认识的人的肩膀，两人的笑容异常灿烂。

那一刻，我准备码字的手僵住了，心想他应该很忙吧，肯定是发错人了。我们都那么久没联系了，现在怎么会突然找我呢。然而，正当我犹豫要不要发消息过去问一句的时候，彬发来一句话："最近在忙什么呢？"收到消息的我，一时间竟有点不知所措，不知道该如何作答。想了许久，还是异常笨拙地回了句："没忙什么呀，你呢？"

接下来，就是彼此之间不断的问候与寒暄。那天跟彬聊了好久，才知道他也并没有我想象中那么忙，他说好几次想联系我时，都反而怕我太忙，担心吵到我。那一刻我才意识到，有时候，老朋友之间就是这样，你们彼此之间，仿佛心照不宣似的认为对方很忙，忙到连一句问候都不敢发给他，以至于关系逐渐冷淡，最终连一句简短的祝福都不敢提起。

由想变成不想，由心心念念变成了小心翼翼。时间越久，再联系的可能性也就越低。我一直在想，互联网确实拉近了人与人之间的距离。如今，我们想要找某个人，只要一通电话，一条微信就能立马联系到对方。但往往越是如此轻易获取联系，我们反而越不敢随意尝试。

04

记得从前听陈奕迅的《最佳损友》时，总是不能理解歌词里唱的意思，在 KTV 捧着话筒，只是跟着显示屏上的歌词，没心没肺地哼唱着。

如今再在耳机里听起这首歌的时候，脑海里竟会莫名闪过无数既熟悉又陌生的面孔。不知道为什么，一直认为，长大是一个让人带点儿无奈的过程。你要不断去跟身边的某些人告别和相识，当你还来不及做任何准备的时候，很多人都已经逐渐转身离开。那些当年非常要好的朋友，都成了如今心里不敢联系的老友。

其实，老友之间的再联系，也并没有我们想象中的尴尬与难受。大家也都没朋友圈里看到的那么忙，想联系的时候就告诉对方吧，别再用一句"算了吧"来抵消心中的思念。也许，对方也正准备找你呢。

去吧，多跟那些曾经的好友联系，也算作为一种感谢，感谢他们曾出现在你的生命中，给了你一段难以忘怀的友谊和回忆。

我们为什么越来越少发朋友圈了

01

有一次，跟家里人一起吃饭，菜全上齐了以后，正当我拿起筷子准备开动时，我姐一脸问号地对我说："怎么啦，你今天不拍张照片，发一下朋友圈吗？"我语塞，尴尬地笑了笑，说："不想发了，吃饭要紧。"

饭后，我一个人坐在椅子上，玩着手机，莫名想起我姐刚才的话，便刻意打开自己的朋友圈，才发现这一年内的朋友圈内

容，除了分享的文章以外，像从前那种生活九宫图，外加一句
令人羡慕的话的朋友圈，早已很难找到。甚至连自己都不知道，
朋友圈从什么时候起，竟然设置起了三天可见功能。也不知道
当时设置的时候，是怀着怎样的一种心态，或许是想跟从前的
生活，说再见吧。

　　不断刷着自己朋友圈的内容，才发现，朋友圈对我而言，已
经从一个发布动态的地方，变成了一个接收信息的场所。从喜
欢发朋友圈，动不动都要拍张照片，修个图，绞尽脑汁想一堆
漂亮的引导语，每个点赞、每条评论都特别关心，甚至有时候
把评论区当成了聊天场所，到如今更多的只是默默刷着别人的
朋友圈，不痛不痒。除非有非常特殊的事情，才会发一条朋友
圈表达一番想法，但更多的情况则是，习惯于将所有的喜怒哀
乐放在心底，自我消化就好了，不用通过朋友圈这条通道，从
外界获得太多慰藉。

　　或许，这也是成长的一种代价。

02

　　闲着无聊看朋友圈的时候，无意间看到一位好友发的动态。

　　他说想把今年的一些朋友圈删除掉，也算是跟过去说再见。

　　从前每年这个时候，删朋友圈这件事，都要花费他半个多
小时，一条接着一条，仿佛永无止境。然而，今年还没删几条，
就发现已经没得删了。朋友圈主页里，只剩下冰冷冷的一条横
杠，加中间一个小黑点，显得格外刺眼。

　　我在底部评论，为什么今年发这么少呢？许久，他回了我一
句看似俏皮，但实则满含道理的话：因为老了，比起主动分享，

成为众人焦点，更愿意默默探知朋友圈里的各样生活，做一名旁观者。

越长大，越不愿意主动分享自己的生活状态。无论是快乐的，还是悲伤的，都更加习惯于藏在心中。不必再通过朋友圈这样一个特殊出口，去宣泄自我的情绪。

03

在知乎上有这样一个热门问题，叫"为什么人越长大，越不喜欢在社交媒体上发各种动态"？底部的众多评论中，其中获得最高赞的一个回复：人越长大，越学会隐藏与忍耐，逐渐发现自己不再是世界的中心，任何困扰都能够自我消化，不再需要那些所谓的喧嚣与表达。

人长大的过程，是一个不断剔除内心脆弱、敏感、自私等弱点的经历，逐渐变得什么事都能理解与接受。

我刻意翻看了几位从前非常喜欢发朋友圈，无论是出门旅游，放松享受，还是熬夜复习，勤勤恳恳，都要先掏出手机发动态的朋友。现如今，他们要么把朋友圈设置成了三天可见，要么把从前的消息删得一干二净，更有甚者早已停止了更新动态。身边越来越多的人，都仿佛在远离朋友圈，远离社交分享。

我问一位从前非常喜欢发朋友圈的好友，为什么现在不经常发了？她给我的回答是：感觉没意思了，生活还是自己过好就行。好与坏，身边的人知道就可以，其他人隔着冰冷的手机屏幕，顶多点个赞、留个言，有什么意义呢？

从前想着发朋友圈是能让身边的人知道自己的状态，后来才发现，真正在乎你的人，你不用发朋友圈，他们也会知道你在干什么；那些压根儿不关心你的人，即使你每天发朋友圈，实时直播生活，他们都会选择无视。

04

有时候会觉得，从前那个喜欢到处发朋友圈的自己，除了想让别人知道自己在干什么以外，更多的是一种缺少安全感的表现。只有通过那一个个点赞与评论，才能感受到周边人的关心，才能找到部分安全与归属感。

然而，人随着年龄的长大，这种从社交媒体上获得的安全感需求，会逐渐减弱，取而代之的是从实际生活中获得成就感。这或许就是一个人真正强大的时候。他有足够的底气，活出骄傲的姿态。生活，毕竟还是自己的，酸甜苦辣冷暖自知。别人再怎么样，都只能作为一名旁观者，无法感同身受。

朋友圈只是一个情感宣泄口，它并非生活的全部。少发动态，也绝非生活不够精彩；不愿意发，只是觉得生活是自己的，认真过好每一天就够了。越来越少发朋友圈的你，是否也有过同样的感受呢？

⑧ 从前不回头，往后不将就

分手了，也要活得自由洒脱

01

深夜，彤给我发来一篇文章，叫我有空点进去看一看，还顺带加了句：你是如何看待作者的想法？我点进去一看，是一篇公众号文章，顶端赫然显示着彤的名字。

这篇文章，可以说是一封信，又或者是一篇日记，是彤写给她前男友的。文章中她写了很多关于和前男友共同的回忆，她试图挽回一颗早已不属于她的心、一个早已不喜欢她的人。

那晚，彤问我，你有没有过离开一个人以后，就仿佛活不下去的时刻？我没有做任何回答。

02

　　彤跟男孩是异地恋，最初是男孩追求的她。

　　刚开始的时候，男孩对彤关怀备至，每天一通雷打不动的电话，一次半小时的视频，让彤觉得屏幕那边的这个男生，将会是她这辈子唯一的守护。就连彤的室友都说彤特别幸运，遇上了这么好的男生。

　　虽然两地相隔，但彤跟男孩每个月都会见两次面。彤说，她真希望，自己能时时刻刻陪在他身边。于是，彤在心里默默做了一个决定：毕业了，就到男孩所在的城市去，跟他一起奋斗打拼，不在乎未来的道路有多艰险。

　　很多人年轻的时候，都曾像彤一样，相信眼前的那个人，会是陪自己度过漫漫余生的人。我们都曾为了爱情拼尽全力过，也曾被它击得遍体鳞伤。

03

　　随着时间的流逝，距离的鸿沟横亘在彤跟男孩之间，任凭彤如何努力，都无力改变。逐渐地，视频、电话越来越少。男孩越来越被动，彤只能越来越主动。彤原本以为，自己的主动会换回男孩的关心，但没想到换来的不仅不是怜惜，反而是无休止的争吵与嫌弃。

　　就这样，日子充满了质疑与谩骂。彤已经记不清一个人在走廊上，隔着电话被男生嫌烦的次数了；更记不得，自己多少次满怀激情地打给男孩，计划着跟男孩分享自己的喜悦时，却在电话那头听到冰冷的一句：嗯，我这边有事，先忙了，下次再说。可是电话里的下次，从未出现过。

你从什么时候开始对一个人失望透了？我想必定是一次次怀着火热的心，却又一次次被冷水浇灭的时刻。

04

彤开始逐渐反思自己，认为是自己太黏人了，把男孩吓到了。于是，她减少了跟男孩联系的次数，心想给他多一点自由的空间，兴许他会好受点。但最终，彤的反思换来的是这段感情的终结。

某天，彤在刷朋友圈的时候，无意间看到了男孩跟一个女生的合照。女生她也认识，是彤跟男孩高中时的同学。照片里，他们两人互相牵着手，笑容灿烂至极。瞬间，彤整个人崩溃了。她不知道到底发生了什么。慌忙中，她拨通男孩的电话，问男孩照片是怎么回事。男孩听完彤的问题，平淡地说：我们分手吧，我们不合适。

那一晚，彤一个人，在宿舍的楼顶哭了整整一夜。虽然男孩有了新欢，但彤还是不愿放弃。从此，她每天早晨醒来，都会给男孩发一句：早安；每天晚上，也会给他发去一段日记，告诉他自己一天都做了什么，即使对方从未回复过。

彤问我：我是不是很傻？我摇了摇头，回了一句：既然他已经不再喜欢你了，你又何必呢？即使被你挽回了，你觉得你们还能回到从前吗？你心里就不会有根刺，深深地扎在心底吗？彤沉默了许久，无力地说：我也想活得潇洒点呀，可是我发现我做不到。这一年来，我每天想的都是他，现在他突然从我生命中消失了，我无法接受这个事实。

我知道，所有的劝慰在彤的面前都显得苍白无力。我想告诉她：别再依赖一个人了，离开了他，你同样可以活得很精彩。没有什么忘不了，没有什么放不下，你忘不掉，只是你心里还不想放下而已。

后来，我没再跟彤聊天，也不知道她是否走出了那段失败的感情。但我还是希望给她送上最诚挚的祝福。

05

很多时候，我们都曾像彤一样，在爱情里迷失了自我。我们以为对方会是自己的终身伴侣，于是便把一切都交给了对方。殊不知，你并不是对方的全部。我们变得越来越依赖对方，我们在感情中逐渐失去了自我。忽然间，哪一天对方走了，你才发现，自己变得一无所有。

曾经在火车站看到这样一幅画面：一对情侣闹分手，原因无人清楚。只看到，当女人准备离开时，男人却死死抓着不放。一次次的争吵引来了众人的围观。当女人最终跑上一辆出租车离开时，那位看似四十几岁的男人，跪在地上崩溃大哭，我只听到他说了一句话：你走了，我怎么活呀！

我不知道他们到底发生了什么，但我觉得每个人都是独立的个体，无论是在感情中，还是在友谊中，我们都要学会独立，不过分依赖人。一个人同样可以活得精彩纷呈。一个人，地球照样转，日子依旧过，你只有把自己变得更好，才能吸引更值得的人。

二十几岁，我们为什么都怕走弯路

01

每年的毕业季，身边的人总是惶恐不已，好似都害怕走向社会以后会迷失自我，害怕自己兜兜转转几年后，才发现自己走错了路。

前两天开会的时候，专业课王老师跟我们讲述了自己的职业生涯。他说刚毕业的时候，他在工地上工作了一年。后来发现自己不适合工地的生活，于是独自一人揣着工作后攒下来的积蓄，在学校旁边租了个房子，开始备战考研。最终他出乎所有人的意料，考上了某知名211高校。

研究生毕业以后，他去设计院工作了一段时间，随后在家人的催促下，完成了人生大事。在设计院待了两年后，他又发现自己根本不喜欢设计院那种高压的工作环境，他想要的是一种悠闲自在，有充足时间看书阅读的生活。于是，他又背着众人，开启了考博之路。

最终，当他博士毕业，成功进入高校任教的时候，所有人都收起了质疑的嘴脸。他说大学的生活才是他想要的——自由舒适，有充足的时间做自己热爱的事。

看着他说话时脸上洋溢出的笑容，旁边一女同学既惋惜又惊讶地问："老师，您这样折腾，到三十几岁的时候才找到自己想过的生活，您不觉得前面的路都走错了吗？您当初毕业时就没给自己安排一份完美的职业规划吗?"

　　老师听完那女同学的话后，用黝黑的双手扶了扶鼻梁上的眼镜，笑着说:"我所走过的那些路，在你们眼中可能是弯路，但对我而言却是必经之路。如果没有它们的存在，我绝不会发现自己内心最想过的生活是什么。"之后王老师还教导我们说，年轻人在毕业的时候要学会适当地给自己安排职业规划，但又不能光想着靠一份规划就明确地过完一生。社会在发展，人也随时在变化，没有人能够一下子就找到自己终生所爱。你所经历的每一个阶段，所吃的每一份苦，所踏出的每一步，都具有独特的意义。

　　人生没有白走的路，每一步都算数。弯路自有弯路存在的意义，走下去，才能找到属于自己的路。

02

　　刚毕业出来的时候，别想着一份工作就能养活你一辈子。年轻的时候一定要勇于尝试，别怕失败，更别担心走弯路。你所经历的一切，都会是你人生路上最独一无二的财富。

　　人这一辈子多经历点，总比没经历强。很多现在看似派不上用场的东西，也许在你未来人生的某个关键节点上，会发挥至关重要的作用。

　　阿哲是我的一位好友，那天他打电话跟我倾诉，沮丧地说:"我都在这个工地上工作一年了，我发现自己并不适合工地的生活。我打算考个证，到房地产公司去上班，可是我又怕重新换公司要从零开始，那前面吃的苦岂不都白费了。"我摇了摇头，对他说:"世界上没有所谓的无用之路，你所走的每一步，都造就了今天的你。如果没有这一年的工地生活，你或许永远都不会知道自己适合什么样的工作。你这一年的经历，是你未来工作途中最珍贵的宝藏。"

我知道有很多人像阿哲一样，在经历了许多事之后，才发现自己想要的是什么。于是他们开始自暴自弃，后悔当初没有规划好人生便潦草启程。可是，又有谁能在二十几岁这样一个青涩的年龄里，稳妥地把一生的安排完美地列于纸上呢？二十几岁的我们，才刚开始接触社会，刚开始看清自己，刚开始发现生活。你不经历一些事，不走过一些路，不爬过几座山，永远都无法听到自己内心最深处的呼喊。

弯路，也许是你加速度前最好的储备阶段。

03

我始终相信，人生所走的每一步，都有其存在的意义。二十几岁的我们，真的没必要纠结于是否从一开始就拥有一份完美的职业规划。我们要做的仅仅只是通过自己一步一步地前行，在路上，不断依据前行的经历，持续修改当初看似完美的规划。

弯路与直路都是路，都是成长路上的珍宝，也是你前行途中最特殊的经历。

二十几岁，我们不怕走弯路，因为我们有随时修正方向的能力。每一次弯路，都是一次自我的提升。

网恋，没你想象中的那么好

01

一位高中好友找我聊天，含蓄地告诉我，自己在网上认识了一名男生，挺有好感的，准备跟他表白。因为之前从未听好友讲过这件事，所以我赶紧问道："你们认识多久了呀？""一星期吧。"好友淡定地回答。

我一脸黑线，心里嘀咕着："现在的人，都是一见钟情了。"

好友带点委屈地说："可是，有时候我给他发消息，他秒回；有时候，好几天才回我一次。我看我们平时聊得挺开心的，就想着要不要表白，但又担心，这样会不会太仓促了？因为我也不敢肯定他到底喜不喜欢我。"好友接着告诉我，自己以前也跟几个网上聊天的人表白过，不过最终都没有结果，因此不想再错过任何人了。

我听完，思考了许久，回她："感情并没有你想象中的那么简单。两个人在一起，绝不是网上聊得来就可以的，更多的还要看生活中性格、爱好、想法等相符的程度。这些才是一段美好感情的基础。"

"网上认识人的成本太低，聊天也并不能反映一个人真实的生活。还是谨慎一点，多了解清楚，从朋友做起比较好。"我告诉好友，别太着急了，感情这种事迟早会来的。你们可以先从朋友做起，逐渐了解彼此，最终再做决定。

网络上的一见钟情，还是要三思而后行。

02

自从互联网普及以后，我们认识朋友的渠道又多了一种：虚拟网络。为什么我在前面加了个"虚拟"呢？正是为了与现实生活区分开来。

网上虚拟的成分太多，包括同一个人在网上相处时，你觉得网络上的她美丽温婉、落落大方，但现实可能与网络截然相反。

二狗是我小学到高中很好的朋友，前几日回家打算约他出来时，没想到电话那头的他，却说自己正在高铁上，准备去深圳。我问他去深圳干什么，他支支吾吾不肯细说，还总是偷笑，说回来了给我们个惊喜。

就这样，我一直期待着二狗的惊喜。没想到的是，五天之后，当我去火车站接二狗回家时，却看到他一副疲惫不堪的模样走出出站口。别提礼物了，身边连行李都没有。我一边诧异他去深圳的原因，一边询问他所说的惊喜。

接下来，二狗的话让我哭笑不得。原来，他去深圳不是去工作，也不是去旅游，而是去见网友了。听到他去见网友，我真是十分惊讶了。

03

在这里，我暂且把二狗的网友叫小花吧。

二狗是在一个月之前认识小花的，当时两人都在玩同一款游戏，玩着玩着小花竟主动找二狗语音聊天，把二狗吓了一跳。接下来的每一天，小花都会跟二狗约定好玩游戏的时间，两人一起上下线。

就这样，慢慢聊着聊着，小花告诉二狗自己老家在重庆，一个人来深圳工作，在一家小公司当文员，平时没太多爱好，除了同事之间的应酬以外，就喜欢宅在家里玩游戏。

他们从单一的文字聊天到语音聊天，再到后来的视频对话。

二狗看着视频里那个美丽动人的姑娘，不禁对她心生好感，主动提出去深圳找她玩。本以为女方会拒绝，但没想到小花却爽快地答应了。到了深圳后，二狗才发现小花并没有网络里表现的那么好。

不说其他的吧，单就性格，生活中的小花是一个非常黏人的女生，可是在网上却看不出来，恰好二狗喜欢的是那种独立型姑娘。再说消费吧，网上小花说自己比较宅，平时不买什么东西，但两人一逛街，二狗便发现，她哪里不买东西呀，简直是一个购物狂，信用卡都透支了好几张。不是二狗省钱，只是他更喜欢能够理性消费的女孩，因为二狗本身就管不住口袋里的钞票，这要是再来一个购物狂，那家里经济不要崩溃了吗？

除了性格与消费，二狗发现小花在生活中的一些爱好，也同网上所表现出来的不相符。最终，二狗只能悻悻而归，结束了这次梦幻般的网恋。

04

其实对于网恋，我自始至终都保持着中立的态度。不反对，也不支持。我一贯认为，绝对不能仅凭网络上几天的聊天，就相信甚至喜欢上某个人。

一段好的感情，是生活中彼此依赖，互相谦让，其背后是两个人性格、观念的统一。然而这些，在网络上都可能被忽视，甚至被对方刻意伪装或隐藏。网络上聊得来，并不代表生活中就一定很合适。生活才是感情的主战场，网络并不是。

认识一个人，了解一个人，到爱上一个人，是一个漫长的过程。谈恋爱，莫着急，先从朋友做起，逐渐认识对方，相处一段时间后，再做最终决定。我想，这样逐渐走过来的爱情，比那些三言两语便决定的感情，更加牢固。

我真的很想告诉你我喜欢你

01

看到雷发的朋友圈，定位于银川。

九张天空的图片。统一无云，统一蓝得犹如人工水墨画。

我在微信上打趣他：你小子毕业那会，不是发誓一定要留在某人身旁吗？怎么如今跑银川去啦。隔了老半天，雷才平淡地回了我一句：公司安排的，没办法。

看着那一张张蓝天的图片，我知道雷是想告诉她：我走了。即使她毫不在乎。

谈起那个她，那是我们上大学时候的事了。

02

从大二开始，雷就喜欢上了同专业的莹，这是所有人都看在眼里的。

莹不仅是学霸，成绩好到年年拿奖学金，还是一个长得特别漂亮的姑娘。165cm 上下，尖鼻梁，窄额头，一双圆溜溜的眼睛炯炯有神，走到哪里都是人群中的焦点。人缘好，跟所有人都相处得特别融洽。没有一般学霸高傲的一面，对于任何人学业上的难题，她都会细心讲解。经常能在考试之前的图书馆里看到她在帮一堆同学补功课、划重点的画面。

而雷呢，在整个专业里就是一个透明人。学业能力不突出，课余活动也基本不怎么参与，每天绕在身边的就是那几个臭味相投的好室友。不过雷性格中有一点特别讨同学喜欢，那就是总能做到有求必应。只要不是违规犯法的事，他都可以一边咧着嘴乐呵呵地笑，一边认真地完成任务，还不带丝毫的抱怨。

如果仔细研究一番，雷跟莹都有一个共同的特点：人缘好。然而，共同的特点并不意味着莹就会因此而喜欢雷。感情就是这样，谁也说不准。

03

大二那年，因为雷寝室有个兄弟跟莹寝室的一位姑娘谈起了恋爱。于是，他们两个寝室的十二位少男少女便经常组织聚餐以及搞各种联谊活动。我猜想，雷就是在那些活动中，逐渐喜欢上莹的。

日子久了以后，大家也都看出了雷的心思。他总是偷偷找莹聊天，QQ上还单独给莹分了一组。每次看到莹跟同学围在课桌前讨论问题时，他也必定挤进人群中听一听，眼角还时不时瞥一瞥莹，一旦莹注意到他，他又迅速将视线折回别处，毫无痕迹。约她一起吃饭，和她一起看书、写作业，帮她拿快递、点外卖……就这样，在她身边扮演着一个蓝颜知己的角色，却始终不敢向她表白。

雷所做的一切，所有人都看在眼里，急在心底。大伙都劝他赶紧表白，不然莹这么优秀的姑娘，迟早有一天被别人拐走了，到时候你就是把肠子悔青了都毫无意义。然而，雷对于表白这件事始终遮遮掩掩，惹得所有看客既心急火燎，又无可奈何。

04

四年一晃而过，雷对于莹的关心一如当初，就连莹拍毕业照的时候，雷都在一旁帮忙提衣服。

毕业那天，雷喝得烂醉，当所有人都在讨论未来时，雷吐着含糊不清的话说：去合肥。所有人都知道，雷之所以选择去合肥，是因为那是莹工作的城市。他说只要能跟她在一座城市，就能多和她接触。要是她家里热水器坏了，下水道堵了，空调不制冷了也还有个可以打电话帮忙的人，免得落入孤立无援的状态。

就这样，毕业后，雷的下一站去了莹所在的城市。当所有人都纳闷雷到底有没有私底下表白的时候，喝得两眼通红的雷，摇晃着身体，慢悠悠地说："没有。我怕表白了，最后连朋友都做不成。"

话音刚落，全场如死一般的寂静，所有人面面相觑，不知道该说什么。滞重的空气中飘浮着雷的声音，夹杂着数不清的尘埃钻入听众的耳朵。就这样，雷的一句话解开了所有人心中三年的困扰。

05

我不是不喜欢你，只是我怕说出喜欢以后，我们连朋友都做不成了。这是一句听起来多么凄凉的话呀，如此现实，却又如此无奈。

雷后来选择去银川，我想并非公司的意愿，更多的是他自己的选择。因为当我得知雷去银川的消息没几天，便在朋友圈里看到了莹跟她男朋友的合照。那是一张我从未见过的面孔……

有些人，有些爱情，就像明知道是一场无果的比赛，哪怕拼了命跑向终点，也已无法获得奖牌，但还是毅然选择继续前行。不为了什么，只为了在那一个夏日知了轰鸣的午后，在头顶风扇沙沙作响的教室里，看到了身穿淡蓝色连衣裙的你，只为了那一刻平静的心如发现美丽仙境般冲动的感觉。只为了在那一个特殊的年龄里，我曾喜欢过你。

有些爱情，有些付出，注定是不需要回报的。你的每一个笑容、一声问候，对我而言都是最大的礼物。

暧昧多迷人，就有多伤人

01

不知道你身边有没有这样一位异性朋友：他知道你喜欢听的每一首歌，清楚你爱追的每一部剧，甚至还记得你的生日和电话号码。

在你们共同的好友眼中，你们是靓女俊男，天生一对。需要的仅仅是一段正式的告白而已。于是你憋着心中的爱意，等待着他的倾诉。但是，他却迟迟没有动静，依然成天跟你有说有笑，喊你看电影，约你逛街吃饭。你们之间好似只剩下一层纸，捅破了就能守得云开见月明。你暗暗告诉自己，只要他一表白，就立马钻进他怀里，告诉他你已经等很久了。

然而，日子一天一天地过，他却始终没有任何表白的迹象。终于，你按捺不住心中的情愫，打算跟他一吐真情。你一直相信，他是喜欢你的，只是因为害羞，腼腆不敢表达而已。这次，你打算做一回感情的先行者。

02

某天晚上，你们照常在微信上唠着家常，聊着室友的各种囧事，忽然间你在键盘上敲下四个字：我喜欢你。然后点了发送。如此自然如此愉悦，仿佛结果你早已料到一般。但没想到的是，当你发出这句话后，对话框上那句"对方正在输入中"持续出现了几秒后，便消失了。你没有收到任何回复，哪怕是一句简单的拒绝。

第二天，你睁开双眼，第一件事便是打开手机，看是否有他发来的消息，结果让你失望不已。你心想，也许是太突然了，他还不能接受；又或者是他太开心了，不知该如何回复。于是，你发了句早安给他，不久便收到他发来的微笑表情。他既没拒绝你，也没接受你，就像在跟你玩躲猫猫一样使你猜不透，也摸不着他的心思。

03

你们依旧如从前一般，一起参加活动，一起吃饭聚餐。当你们并肩走过校园的榕树林时，广播里传来刘若英的《后来》，他咧着嘴说：听，这是你最喜欢的歌。

你转过头，眨巴着双眼，望着眼前这个大男孩，如此阳光、如此帅气、如此懂你。于是，你决定了，再给他一次机会。你心想，上次微信表白，太没诚意了，这次你要当面告诉他。你心中小鹿乱撞，但你相信自己会得到圆满的结果。因为，他对你的所有关心与呵护，让你有把握相信，他是喜欢你的。

然而，你脑海里幻想的一切，统统在那短暂的告白后，被他冰冷的话打击得支离破碎。

他再次沉默，依然没有直接拒绝，而是淡淡地回了一句：我们不合适，我现在还不打算谈恋爱。

瞬间，你转身狂奔回寝室，一个人躲在被窝里号啕大哭。哭完后，你咬咬牙，给他发去一条简短的消息：不喜欢我，不打算谈恋爱，请你以后别对我那么好，我是玻璃心，我会误会的。

04

感情生活中总是存在这样一些男生，他们跟所有女生都特别合得来，聊得开，同时他们没有女朋友。他们能轻易地记住女生的各种爱好，然后对你嘘寒问暖。在外人眼中，他所做的一切，都指向了一件事，那就是：他喜欢你。

可是当你跟他告白时，才发现，他根本不是喜欢你，他只是享受被你依赖的感觉。你对他的依赖或许可以给他带来成就感，缓解他寂寞的心灵。他要的不是女朋友，而是好朋友。但他却把对女朋友该有的关心，用在了好朋友身上，以至于换来了你的误会。

前段时间读者小珊找我倾诉，深夜，她给我发来了漫长的聊天截图，那是她与同专业一个男生的聊天内容。如果光看截图的话，我还真以为两人是情侣。你一句，我一言，男生非常配合女孩的话，还时不时发些挑逗的话。每一次聊天的最后，总是以男生的一句晚安，加一个可爱的表情，作为温暖的结束。

但是，恰恰是这样一个看似恋人之间的聊天记录，却伤透了小珊的心。她告诉我，自己跟他表白后，原以为对方会顺理成章地接受，没想到他既不拒绝，也不答应。仅仅只是回了句：现在不想谈恋爱。

小珊不懂，问我：为什么他明明不想谈恋爱，还对我那么好，使我产生错觉，以为他喜欢我。我沉默了许久，告诉她：他仅仅只是享受你依赖他时的快感，谈恋爱对他来说，是种多余的负担。

05

你不喜欢我，你不愿意谈恋爱，跟我没关系，但请你别轻易对我好。我的心很脆弱、很敏感，我怕我会因此喜欢上你。

在生活里要学会分清哪些人的关心是发自真诚的喜欢，哪些人的呵护仅仅是暧昧的举动。真正喜欢你的男生，不会一直和你保持暧昧的状态，却不主动向你告白。那些一直对你好你关心你，但迟迟没有任何行动的人，或许根本未曾喜欢你，他们仅仅只是在享受一种成就感，或者在安抚自己寂寞的心灵。

你不喜欢我，请你离我远一点，不要产生不必要的误会。

真正精致的生活，从来都与年龄无关

01

前几天，在动车上遇到一位四十几岁的阿姨，恰好坐在我身旁。她给人的第一印象，就如二十几岁的姑娘一般，脸上化着淡妆，双手涂着鲜红的指甲油，身穿一件暗红小外套，与邻座的一位友人聊得甚是欢乐，时不时发出喜悦的笑声。听着她们的对话，我才得知这位阿姨与友人此趟出门，是去山东旅游的。

她说，如今儿女都长大了，不必再操心了。于是她就开始学瑜伽，锻炼身体；学烹饪，修身养性；偶尔约好友旅旅游，愉悦心情；时不时还化个妆，改变一下形象。她说，生活是自己的，无论到了哪个年龄，都要在经济能力允许的范围内，过得精致一点，对自己好一些。

身边很多人不理解她，觉得都那么大岁数了，还学人化妆、旅游，太能折腾了吧，还不如在家静静地看两集连续剧来得爽快呢。每次听到这样的话时，她说自己都是左耳进右耳出，丝毫不放在心上。她始终认为，人越是随着年龄的增长，越需要更加努力地去生活，将日子过得漂漂亮亮。

02

我始终认为，一个人真正的衰老，并非年龄上的老去，更多的是心灵上的沉默。永葆一颗热爱生活、积极向上、不断尝试的心，哪怕六十岁了，也能将生活过得热气腾腾。

看着动车上的那位阿姨，我突然想起，2017 年暑假去乌镇旅游时，在乌镇的某个咖啡馆内，看见了一位来自广州的，大概四十几岁的女士。

我第一次见到她时，就被她的穿着打扮所吸引。一身碎花长裙，一双细高跟的凉鞋，一头淡黄色的卷发披在肩上，专心致志地坐在木椅上看着一本书。

我坐在她身旁，听着她跟友人讲电话，才知道她的女儿嫁人了，老公忙于工作，在家闲着无聊，就一个人开着车，从广州来乌镇玩耍，晚上还准备参加附近年轻人举办的一场晚会活动。

那一刻，我心中对她产生了一股敬佩之情。因为在我的印象中，四十几岁这样一个年龄，在我们家乡，大部分女人都过着柴米油盐酱醋茶的琐碎日子，而她却将生活过得这般快活轻松，脸上丝毫看不出任何中年人该有的阴郁与烦闷。

过自己喜欢的生活，从来都不是年轻人独有的特权。任何年龄的人，只要你愿意，都能将生活过得更加美好。

03

记得每次去大姨家的时候，总能听到她不断的唠叨抱怨声，嫌这嫌那，每天都在碎碎念，整日有忙不完的生活琐事。每次看到她，我总觉得她的生活过得特别累。哪怕膝下一双儿女都早已成家，已经不用她再操心什么了，但她依然每天忙得晕头转向，无时无刻不在为一点鸡毛蒜皮的事操碎了心。

每年的国庆或者春节，只要表姐一有时间，便想带着她出门旅游。一旦听到旅游这一消息，大姨便对表姐一顿责骂，接着叫她把车票退了，说自己才不愿意出门旅游呢，有什么意思，家里那么多活要做呢。除了出门旅游这件事她很排斥以外，表哥、表姐每次给她买的衣服和各种养生补品，也统统被她拒绝了。她宁可穿着一件穿了很久的衣服，穿着鞋底都快要磨破的旧鞋，也不愿换新的。

街坊邻居看到她这般模样，总是劝她说，儿女买的东西你就接受吧，衣服也该换一换了，多吃点补品对身体有好处。现在家里什么都不用愁了，你就放宽心，不必每天瞎担心，过得自在开心点。每每听到这番劝慰，她总是扯着嗓门说：都多大岁数了，还能活几年呀，那些都是年轻人弄的，我们老啦，就别瞎折腾了。那么多年都活过来了，生活粗糙一点也无所谓啦。

大姨总觉得人老了，生活除了煮不完的饭，担不完的心，追不完的剧，其他的都是浮云，都是年轻人的玩意。人老了，就该安安分分地过日子，每天煮饭、拖地、看电视。但她却不知道，生活并不是只有烦人的琐事。即使人老了，依然可以追求自己喜欢的生活，依然可以将日子过得如年轻时一样新鲜愉快，富有激情。

有时候，精致的生活并非每天都有大鱼大肉，也并非银行卡里有花不完的钱，而是有一颗积极向上、热爱生活的心。早起泡一杯茉莉花茶，看一本闲书，傍晚约友人聊天散步，日子也能过成诗和远方。这样的生活，才对得起自己这些年走过的路、付出过的努力呀。

04

人这一生，都将变老。身体上的衰老并不可怕，可怕的是随着身体的衰老，人的心也随之老去。

很多人总是喜欢将生活与年龄绑在一起，觉得那些激情澎湃、诗意悠闲的日子，只属于二十几岁的年轻人；四五十岁以后，生活剩下的只有柴米油盐。然而，生活从来就不应该与年龄挂钩。年轻的时候你可以蹦极跳伞，老了以后你依然能够背着包，在身体能够承受的范围内，跟团旅游，阅尽年轻时梦寐以求的山川河流。你依然可以穿衣打扮运动健身，依然可以去自己想去的地方，依然可以将生活过得精致无比。

年龄，从来就不是限制生活的一把枷锁。相反，随着年龄的增长，阅历的增加，金钱上逐渐自由，时间上日益宽松，更应该在劳累的生命长河里，为日子增添点不一样的色彩，将生活过得富有情调。

真正精致的生活，从来都与年龄无关。

感情中，这种姿态最烦人

01

　　好友莎莎找我聊天，一上来就发来一句话：我要跟他分手了。我很诧异，忙问发生了什么事。于是，莎莎把她跟男友的聊天记录发给我看。

　　我一看着实吓了一跳，满屏都是莎莎发出去的消息。早晨醒来必须发一句早安，再顺便问一下在干什么；中午吃个饭，也要发一张饭菜的图片过去，顺便叫对方也拍张照片发过来；上课时间、吃饭时间，直至晚上睡觉之前，都得跟对方聊两句，对方一旦晚几分钟回复，莎莎便穷追猛打，发短信、打电话，直到对方回复为止。

　　莎莎告诉我，分手的原因就是他压根儿不在乎她。每天找他的时候，他都有事不能立马回复。

　　我听完后无奈地叹了口气，告诉莎莎："你这样，会把对方给吓跑的。你看你，每天有事没事都要发消息打电话，甚至视频聊天。对方只要稍微晚回复一会儿，你就如热锅上的蚂蚁一样，炸开了锅。感情中，还是给对方一点空间比较好。大家都是成年人，你有自己的事要做，他也有他的工作要完成。一段好的感情，是互相陪伴，而不是相互绑架。"

　　各自理解与包容，是良好感情的基础。太黏人，反而会把对方吓跑。

02

在一段感情中，如果你总是过于依赖对方，总是黏着他，总是如二十四小时侦察机一样地跟在对方身后，这样你累，他也累。最终的结果，往往就是双方都受不了彼此，不欢而散。

大学同学阿正，大二那年谈了一场"轰轰烈烈"的恋爱。对象是一位大一的小学妹。在确认了正式的关系后，阿正便开始了漫长的"陪伴"生涯。每天自己的课不上了，非要到学妹教室去陪她一起听课。吃饭时间、上课时间，以及所有能想到的时间里，都跟学妹黏在一起。

起先我们都很羡慕他，老是酸溜溜地说："你有了女朋友之后，就把我们这些朋友都忘了。"然而没过三个月，学妹便和他提出了分手，原因就是他太烦了。

当时见他因分手而痛哭，我还特意跑去找学妹，问她为什么要分手，学妹说："他就是太好了你知道吗？我怕呀。自从跟他在一起后，我的生活已经被他团团包围了，没有丝毫的个人空间。就连上星期我们寝室聚餐，一晚上，他都要打三次电话过来询问，搞得好像审犯人一样。我实在是受不了！"

所以，有时候，给予对方适当的个人空间，是一段良好感情的基础。爱情犹如握在手中的沙，你抓得越紧，它就越容易滑走。

03

我这些年见过很多人，他们在感情中，总是患得患失，生怕对方溜走。只要一会儿没有对方的消息，便心急火燎，开始无休止的电话轰炸。

高中认识的两个同学，前段时间分手了。

因为我平时跟他们两个人的关系都比较好，所以他们分手的时候，都来找我倾诉。女方总抱怨男方不够喜欢她，每天晚上电话没讲几句就说困了；微信消息没有一次是秒回的，都在忙工作的事；去哪里玩，跟什么人出门，也无法做到准时汇报。

我听完她的话后，跑去问男方是否真的不喜欢她了。男生叹了口气，说："没有呀。只是觉得她真的太黏人了。每天都得二十四小时陪在她身边，我也有自己的朋友、有自己的社交圈子呀。不可能因为有了爱情，就不要其他了吧。"

我始终认为，一段好的感情，是 $1+1>2$，而不是 $=2$，又或者 <2。两个人在一起，不是抛弃全世界，眼里只有对方；而是在照顾好对方的同时，又能不失原本的生活空间。

04

一段优秀的感情，是彼此陪伴，也是相互守望。在对方最需要你的时候，你能立即出现，告诉那个他/她：有你在呢，不用怕。而不是非得天天黏在对方身边，那样反而不会使对方觉得有安全感，还会让人产生一种窒息的感觉。

每个人都需要有自己的生活空间，感情并不是全部，还有朋友、家人、工作……这些的所有，才构成了生活的一切。一旦你打着爱情的名号，剥夺对方自由的空间，要求他必须没日没夜守在你身边时，你已经输了一半。

感情中，越黏人，只会越磨人。

⑨ 你们是这世界给我的温柔以待

那些曾让你热泪盈眶的瞬间，你还记得吗

01

我曾经一度以为自己是一个非常坚强的人，坚强到任何人、任何事都无法将自己打败，不会轻易掉一滴眼泪。后来才发现，原来自己错了，其实自己内心真的很脆弱，只是外表看起来坚强罢了。

人在一生中，会经历无数次相聚、离别，又重逢，我们的内心早已对这些事产生了厚厚的一层茧。我们习以为常，我们镇定自若，我们以为自己早已变得无坚不摧，但没想到，人往往能扛得过无情的离别，却抵不过不经意间的一句关心、一声问候，甚至一个拥抱。

那些曾让我们湿了眼眶的瞬间，也许正是铸就我们成长的痕迹。也许在未来的某一天里，当你再度回想起曾经的画面时，

你仍会红着眼眶，在心里默默地说一句：感谢那些人，感谢那些事，感谢他们在我生命里出现。

02

自从我上了大学后，爷爷便一个人留守在家里，为了方便老人家联系我们，我爸特意给爷爷买了一部老人机，还定时给他存上足够的话费，好让他在无聊时，可以跟大家讲讲话。

我爷爷倒好，其他人都不联系，唯独天天打电话给我。每天中午12点电话铃声准时响起，讲来讲去就那几句：吃饭了吗？在干什么呢？互道平安后便挂断了电话。

刚开始对于一天一通电话这件事我没有太多的想法，但是时间久了，内心产生了厌倦之感。有时候在图书馆看书看得正起劲，为了接他的一个电话，还要跑到门外才敢接听，接听后依旧是往日一样的问答，然后便草草结束对话。

后来，我把这件事告诉了我姐，我姐安慰我说：是呀，爷爷现在也天天打电话给我，我每次上课都不能接，也没啥事，还天天打。我沉默了一会儿，没有说话。在后来的某一天里，我因为有事不方便接他电话，他可能以为出了什么事，便一直打过来，我情急之下接通电话，跟他说了一句："爷爷，你以后不用天天打过来，也没发生什么事的。"爷爷沉默了两三秒后，落寞地"哦"了几声，便匆忙挂断了电话。

接下来的两三天内，爷爷再也没有打电话过来。这下倒把我给急坏了，开始担心他是不是生病了。于是，我拨通了他的号码，在几声振铃之后，爷爷的电话接通了，我说："爷爷，你这几天怎么样呀？好几天没电话过来了。"爷爷听后说了一句至今都让我觉得心酸的话，他说："没事，我怕吵到你。"

当听到这句话时，本来在跟室友嘻嘻哈哈的我，瞬间鼻子一酸，眼泪在眼眶不断打转。从那以后，我告诉自己，无论以后多忙，每天都要按时接通爷爷的电话，即使只是简单的两三句问候。

03

前两天跟一位学长聊天，这位学长与我素未谋面，我也不知道他的真实姓名，只能称呼他为杨学长。

记得跟学长认识是因为文章转载的原因，那天他来找我要授权，说要转载我的一篇文章，还加了句稿费一百元。当看到他的消息时，我二话不说直接加了学长的微信，学长也二话不说把稿费以红包的形式发给了我，那是我第一次收到稿费，第一次真正意义上凭自己的文字收获成果，当时真的把我乐坏了。

后来在跟学长的聊天中知道，学长在北京某新媒体公司工作。当他得知我也在找新媒体编辑的工作时，立马发来一句话：我认识的人多，可以帮你找一找。当时看似客气的一句话，我也没多在意，只是连忙回了几声谢谢。但令我感到意外的是，大概一星期以后，学长连续给我发来了三个媒体人的微信号，叫我加他们为好友，跟他们详细聊一聊。学长说他已经跟那些人简单介绍了我的情况，他们都很愿意给我一个机会。

那一次我心中有种莫名的感动，我跟学长从未有过任何交集，仅仅只在网上聊了一段时间，他便愿意花时间与人脉帮助我，我真的无比感动，内心激动不已。很多时候，感动并不只是来源于轰轰烈烈的生离死别，更多的是隐藏在不经意间的一句关心、一个帮助。

04

记得高三那年，我跟猫玩，一不小心被猫抓破了胳膊，回到家还不敢让老爸知道，但当时毕竟是夏天，最终，受伤的地方还是被老爸看见了，本以为老爸会责骂我一顿，没想到他并没有那么做，只是简单地了解了情况后，就带我到医院去打疫苗。

打疫苗是一件很麻烦的事，打过的人都知道，要按时按点连续打一个月，隔两三天就得去一次。那时正值高三，学业压力本来就紧，打一次疫苗一早上的时间就没了，这可不行呀。最后跟老爸商量，凡是打疫苗的那天早晨，我依旧去上课，上完两节课后再去打疫苗。每次两节课后，差不多 10 点，只要铃声一响起来，我便飞奔出教室。每当我走到大门，总能远远地看到老爸的身影，当时是夏天，温度很高，看着老爸被晒得都出汗了，我无奈地说："爸，你以后不用这么早来等我下课。"我爸毫不迟疑地说："没事，天这么热，不能让你晒着啊。"听后，我竟然不知道该如何回答他，只是迅速跳上老爸的摩托车后座，匆忙地赶往医院。

后来打了很多次疫苗，连我自己都感到不耐烦了，一次在车上带点儿烦躁地说："爸，不打疫苗了，麻烦死了。"我爸听后，说了一句至今都让我铭记于心的话。他用那带点儿沧桑的声音说："傻吧，不打疫苗，不打疫苗你要是身体有什么事，你让我怎么办？"

那也许是我长这么大以来，听过最感人的一句话了。

我坐在我爸的摩托车后座上，看着他的背影，吹着夏日的凉风，竟不觉眼眶湿润了，我赶忙用校服擦掉，怕被我爸看见。

那天后我才发现，我爸对我的爱从来不会用过多的言语来装饰，他的爱都在我习以为常的日常生活中。

05

一句话、一个动作，便能让一个人热泪盈眶，潸然泪下。

人这一生会经历很多瞬间，但绝大部分场景都会随着时间的流逝，被遗忘在记忆的海洋中，无人知晓，无处可寻。但也有一些特殊的画面，会一直保留在你的脑海里，因为它曾让你眼眶湿润，曾使你心酸流泪，它会成为你生命中的一部分，会成为你人生道路上源源不断的动力，每当你想放弃、想偷懒时，它都会出现，告诉你，还有人在为了你努力着，你又有何理由不坚强呢。

那些曾让你热泪盈眶的瞬间，并不仅仅是让你湿润了眼眶，更多的是让你寻到生活的勇气与动力。

那深沉而厚重的父爱

01

我的父亲，是一名木匠。

六个兄弟姐妹中，父亲排行老四。父亲十五岁那年，奶奶意外离世，家中所有负担猛地压在爷爷一人身上。

当时爷爷是一名货运工人，工资不高，奶奶离世后，仅靠他一人的工资，是不可能同时供所有儿女上学读书的。在几经挣扎后，父亲跟大伯选择了退学。那年，父亲读初三，离中考只剩三个月。

多年以后，家里的亲戚总是感叹，如果父亲当年不退学，凭他优异的成绩，考上县一中，继而上大学绝对是轻轻松松的事。然而，生活没有如果。

02

退学后，父亲开始给村里一名五十几岁的木工当学徒。父亲很聪明，学东西快，又能吃苦，很受师父的喜欢。几年之后便学有所成，离开了师父身边，组建起了自己的装修"游击队"。

那些年，父亲一个人学绘图，做设计，算造价，与各式各样的业主和材料商打交道，一个人扛起了所有事情，扛起了一个家。无论在外面受到多大委屈，被人瞧不起或者被人欺骗，一回到家，他都会表现得风轻云淡，对所有人嘻嘻哈哈，仿佛一切艰难都未曾发生过。

印象特别深的一次，是 2004 年 9 月份，姐姐要上大学，我要读初中。那年，父亲的事业跌落到了谷底，从年初到 9 月份只接手了一个项目。原本以为这个项目做完后，就有钱给我俩报名上学了。但没想到的是，当父亲把大部分积蓄都垫进工程后，业主却开始了漫长的拖款生涯。

那段时间，父亲为了借钱供我们上学，一夜之间愁白了头。然而，每天晚上吃饭的时候，他还总是笑呵呵地望着我们，丝毫看不出他有多苦恼。他骗我们说，工程款早已拿到手，有好几万，不仅足够我们俩人的学费，还能给我们零花钱买衣服。

我到如今都记得，他说这话时特意朝我挤了挤眼睛，带着点儿俏皮的语气，嘴角还微微上扬。他的话使我跟姐姐两人脸上的愁云瞬间舒展开来，觉得父亲神通广大。可又有谁知道，工程款压根儿没来，父亲只能背着我们到处借钱。

爷爷后来告诉我，那年为了让我们上学，父亲不知道去业主家催款了多少次，还四处找亲戚借钱，看人脸色过日子。不过幸好，最终父亲还是度过了最艰难的时刻，往后的日子逐渐好转。听着爷爷的述说，我眼前浮现出了一个中年男人骑着摩托车，顶着烈日到处敲着亲戚家门，低头笑脸找人借钱的画面。

这一切，父亲自始至终都未曾告诉过我们。

从我记事至今，每次父亲回家，都是笑容满面地走进家门，我一度以为他在外面过得风风光光，却不曾料想过他也曾受尽委屈。

这些年，父亲的爱犹如一座山，替我们挡住了外来的风风雨雨。

03

我曾经听过一位读者讲过这样一件事。

她父亲是一位建筑工人，小时候，她一直以为父亲的工作很轻松，赚的钱又多。每次回家，都能看到父亲提着她最喜欢吃的猕猴桃回来，还总是嘻嘻哈哈的。然而一次偶然的机会，她跟好友出门买东西，路过父亲工作的工地现场，怀着想给父亲一个惊喜的心理，她跟门卫偷偷商量，悄悄进入了工地。

她原本以为父亲的工作是坐在办公室吹着空调整理文件，但没想到当她把办公室转了一圈都没看到父亲的身影，准备离开时，却在不远处望见父亲戴着安全帽，佝偻着背，在烈日下搬运木板的画面。她喊了父亲一声，声音不大，但父亲还是在嘈杂的环境下转过了头，看到她时，父亲连忙放下手中的木板，乐呵呵地走到她跟前。父亲随意地擦了擦额头上的汗珠，连忙问她渴不渴。从那次之后，她才知道，原来父亲的工作是如此不容易，只是从未表现出来而已。

04

曾经在网上看过一段话，说每一个男人，在晚上回家之前，都会在外面抽一根香烟。抽完后，便把工作上的所有不愉快都忘记。在推开家门的一刻，他不再是员工，而是一位丈夫、一位父亲。

此时的他，无论在外受了多大委屈，在儿女面前都会保持一种积极的状态。每一位父亲，都是上天派来的守护神，替子女阻挡世界邪恶的一面。他们吃了很多苦，流了无数泪，却从来不肯让我们知晓。他们，是这个世界上最会"说谎"的男人，也是这个世界上最坚强勇敢的男人。

父亲，是一个即使在外受尽了无数委屈，回到家依旧笑容满面的男人。

父母也曾有过青春，一如现在的你

01

打扫房间的时候，无意间在落满灰尘的旧抽屉里翻出了一张爸爸年轻时的照片。照片已然泛黄，左上角的图像也模糊不清，背面用黑色签字笔凌乱地标注着拍照日期：1997. 8. 3。

那时的爸爸还很年轻。照片上的他顶着一头飘逸的长发，中分。穿一件白色呢绒衬衫，衣扣只扣了两个，隐隐露出胸前大块的肌肉。下身是一条淡蓝色牛仔裤，裤管卷得很高，整个小腿都露了出来。脚下是一双黑色人字拖。照片中的爸爸站在海边，挎一个棕色小皮包，背对着一望无际的大海，对着镜头略微上扬嘴角，眯着眼睛，长发随着海风不断摆动，给人一种叛逆且潇洒的感觉。

看着照片中的爸爸，再想想如今那个理着寸头，走路略微佝偻着背，笑起来额头挤满了深深皱纹，穿着越发随意的男人时，竟有种莫名的心酸。我一直以为他只是一个不懂得浪漫、不喜欢旅游、又爱把自己的意愿强加在孩子身上的老头，但没想到他也曾是一个如此风度翩翩、渴望自由的阳光少年。

我们的诞生结束了他们的青春。

02

记得当年我选择到千里迢迢的安徽读书时，我爷爷一边叮嘱我要照顾好自己，一边说我跟年轻时的我爸太像了。

爷爷说我爸二十几岁的时候，也一心只想往外跑。去过南昌，到过武汉，最远的时候还跑到西藏去。一年四季都在外漂泊赚钱，回家的次数寥寥无几。然而，我出生了以后，我爸为了更好地照顾我，陪在我身边，把外面所有的工作都辞了，选择待在家乡发展，从此十几年再也没有出过远门。

有好几次朋友约他去外边一起办公司，他都婉言拒绝了。不为什么，只为了我。

听着爷爷的话，我突然想起小时候每次吵着叫我爸买电脑，他不买的时候，我总是在心里不断抱怨他赚钱太少了，为什么不像别人家的爸妈在外面做生意赚大钱，要死守在发展不起来的小县城呢？如今才发现，他之所以选择留在并不能实现自己梦想的地方，是因为那里有比他的梦想更重要的人。

他可以为了看着他们长大，时时刻刻陪在他们身边，放弃自己曾梦寐以求的自由与理想。

03

某次跟朋友在小吃街吃鸭血粉丝汤。朋友每次都不要葱姜蒜，不要香菜。我很诧异，问：你家里人也从来不吃这些吗？朋友听完没有任何迟疑，脱口说：不是呀，跟我妈视频的时候，能看到她在吃香菜，还吃得挺开心呢。

朋友讲完，又自顾自地低头吃了起来。不一会儿，朋友好像在思索什么似的放下了手中的筷子，整个人像没了魂魄一样。过了一会儿，她竟然莫名哭了出来，说："我这才想起来，只要我一回家吃饭，家里的饭菜从来都没有放葱姜蒜和香菜。"

我默然，想起那句话：父母的世界很小，小到只有我们。他们也有自己喜欢的东西，也有自己渴望的梦想，只是为了我们而不得不选择向生活妥协。这种妥协不是别人逼迫的，而是自己心甘情愿的。

他们可以为了你放弃自己最喜欢吃的东西，只因为你不喜欢。

04

我一直在想，二十年前的爸妈是否跟如今的我们一样。有自己的梦想，有自己的喜好，渴望自由，不愿被束缚。

那又是什么使他们放弃所有，变成当初自己最讨厌的模样，过上柴米油盐酱醋茶的平凡日子。

是我们，是他们的孩子。

曾在网上看过这样一段话：我妈在生我之前只知道玩摇滚，什么也不会，不会扫地、不会做饭、不会熨衣服……后来有了我以后，却神奇般的变得全能了，好像什么都难不倒她。

原来，我们的爸妈年轻的时候也跟我们一样——追求自我，有自己热爱的事业。只是最终在我们面前，都小心翼翼地隐藏了起来。在那些不为人知的故事里，他们也年轻过。终有一日，你也会为人父母，你也会变得如他们一般，啰啰唆唆怕这怕那，看到中药养生文章链接立马甩过来，偷偷盯着女儿的微信步数猜想她又跑去哪里玩了，睡觉之前一定要打一通电话问一问。

他们也有青春啊，一如现在的你。所以，多给他们点耐心，对他们好点。毕竟，你还有大把时光可以挥霍，但是，他们没有了。

世界上什么都可以等，唯有孝顺不能

01

午间，我一个人坐在出租屋的木桌前，不断修改着未完成的文章。忽然，左手边的手机发出微微的震动声。接通电话，听筒那边传来了爷爷沙哑的嗓音。简单寒暄了几句后，爷爷便说我爸刚刚下班回家，正准备出去给他买药。一听到"药"这个字眼，我瞬间紧张了起来。毕竟爷爷这段时间生了几次病，身体越来越糟糕了。我赶忙问生了什么病。电话那头的他沉默了片刻，低沉地说："没什么，就是平常的风湿病，你爸去买药了，吃点药就好了。"

我没多说什么，因为我知道，即使我一直问，电话里他们也不会告诉我真相。不知道为什么，我脑海里突然浮现出大中午我爸一个人骑着摩托车在县城的马路上四处穿梭，寻找着药店的画面。我想，天气那么热，汗水肯定早已渗透了他的衣衫。

有时候，你会觉得自己挺不孝的。年轻的时候，我们总觉得自己可以潇潇洒洒地出门闯天下，却忽略了守在家中独自等待的父母。每次家里发生什么事的时候，因为距离太远，回不了家，就只能隔着电话听家里人讲，然后自己脑补画面，那个时候就特别揪心、难过，总觉得自己离家太远了，帮不上忙。

距离，从某种意义上来说，真不是件好事情。

02

我一直觉得，人这一辈子，对自己影响最大的人，当属自己的父母。我从我爸身上学到了很多，关于责任、担当、诚信，还有孝顺。

说起孝顺，我爸真的做得足够好。我爷爷生了三个儿子，大伯一家从未主动说起要照顾我爷爷的事，哪怕他们家就住在我们家隔壁。逢年过节都从未问候过我爷爷一声，更别提平日生活了。

我印象最深刻的一次，是 2017 年的暑假。天热得能把人热晕，那天早晨，我同往常一样 8 点多起床。打开房门，却不见我爷爷的身影，顿时我就有种脊背发凉的感觉，脑海里闪现了各种不好的画面。因为平时我爷爷都是 5 点多便起床的，8 点多他通常都会在客厅看电视。于是，我敲了敲爷爷的房门，一下，两下，直到第三下的时候，才听到房间内传来了微弱的声音。只听他说："腿走不动，下不了床了。"

后来，我找到房间的备用钥匙开了房门，推开房门的一刹那，我有种想哭的冲动。我爷爷一个人躺在床上，脸上呈现出极度疼痛的表情。他看到我时，犹如看到了希望一般。我顺势望了望他的脚，已经肿得跟个圆球似的了。接着，我拨通了我爸的电话，一会儿便听到他开门的声音。因为我爷爷不能走动，家里又没有轮椅，只能我同我爸两个人一人一只胳膊把他架起来走，让他整个人悬在半空中。我爷爷本身就胖，体重应该有 80kg。

03

当我跟我爸艰难地把爷爷架到门口时，汗水已经把我们的衣服全部浸透了。此时，我大伯正好从门口路过，看到我们，眼神缓慢地从我们身上飘过，顺口说了句："老爷子又病了呀，赶紧带去医院看一看。"这十几个简单的字从他嘴里吐出来的时候，我特意瞧了他一眼，脸上没有丝毫的波澜，就如同陌生人讲话一般。我很气愤，事后偷偷地问我爸："他为什么可以对爷爷不管不顾，他还是不是爷爷的儿子？"

我爸看了我一眼，说了句我至今记忆犹新的话，他说：别人要怎么做是他们的事，咱们把自己应该做的事做好就行。听完我爸的话后，我没有再多说什么。只是第一次体会到，孝顺这个词真正践行起来，是如此艰难、如此沉重。

04

除了我大伯跟我爸以外，我爷爷还有一个最小的儿子，就是我叔叔。

我叔叔以前是一个个体户，经营着一家不大不小的杂货店。生意虽然平淡，但是足以维持一家生计。后来不知道什么原因，他迷上了赌博，最终欠了一屁股债，跑了。没人知道他去哪里了，连我都已经好几年没听过他的消息了。于是，我们一家人成了我爷爷唯一的依靠。街坊四邻总喜欢在私底下议论，说要是没有我爸，我爷爷现在都不知道该怎么办了。

其实，我很不喜欢听到这种评论了。因为他们说话的语气，总让我觉得在他们眼中，孝顺是一种久违的奢侈品。但是我始终认为，百善孝为先，孝顺之于个人是一种最原始的行为。记得很多人问我毕业了以后打算去哪里，我都毅然决然地说，我打算回福建。

写作的这段时间内，也有很多学长询问我将来的去向。很多人都叫我到大城市去，年轻的时候一定要开拓自己的眼界。我不否认这种观点。确实，年轻的时候出去见见世面，接触最前沿的世界，对一个人的成长来说是至关重要的。然而，我还是决定毕业后回到福建沿海小镇上，到离家近一点的地方工作。那样，一旦家里发生什么事情，我都可以亲自在场，而不是隔着电话传去无关痛痒的问候。

这些年，父母教会了我们很多事。我从我爸身上学到的最受用的一点便是：孝顺。

你呢，这些年，从你父母身上学到了什么？

你的朋友圈，圈的不仅仅是朋友

01

　　偶然间看到一档综艺节目，在亲子谈话环节主持人问嘉宾的父亲："这么多年来，孩子出门在外读书，您会不会经常想她，不停地给她打电话呀？"

　　父亲听完问题，沉吟片刻，用手指了指身旁的妻子说："想肯定是想呀。隔几天联系一次，不好意思天天打电话，怕影响到她工作。实在没办法的时候，我就叫孩子妈看看她的朋友圈，了解她到哪里，做了什么，这样就放心了。"说完，身板健硕的老父亲对着镜头竟不觉地流出泪水，一旁的女儿看见了连忙拿上纸巾帮父亲擦干眼泪，两人顺势相视一笑。

　　那一刻，我心中竟有种说不出的心酸之感。我仿佛看到了两位老人独自在家中抱着手机，眉头紧锁地找着女儿朋友圈的画面。当看到她又发消息的时候，便不禁笑了起来。

　　儿行千里母担忧。幸好有微信，幸好有朋友圈，能让他们在不好意思频频打电话询问我们去向的时候，有另一处可以关心我们的角落。

02

　　记得过年在姑姑家的时候，看到压根儿不玩手机的姑姑竟在客厅玩起了手机。一开始还以为她是在看日期或者设置闹钟之类的，走近一看才发现，她竟然在摆弄微信。

我一脸惊讶地问："姑姑，你现在也赶时髦啦，玩起了微信。"姑姑听完笑了笑，带点儿无奈地说："这不阿泽（她儿子）寒假留在学校实习没回家嘛，我想看看他的朋友圈动态，知道他一天都做了什么，总不好意思天天打电话吧，等下他又嫌我烦。"我听完竟不知该说些什么，只是悄悄在微信上给阿泽发了一句话："有空的时候，多给你爸妈打打电话，他们很担心你。"

不知道从什么时候起，身边许多上了年纪的叔叔阿姨都玩起了微信，但是他们玩微信的初衷却不是聊天，而是想看一看远方的子女生活得怎么样。

我们的父母为了关心我们，也变得越来越潮流，他们开始学着用各种电子产品，即使那对于他们来说格外艰难，但他们从未抱怨过，他们只想通过这些，知道我们在做什么。

你的每一条动态，都会让他们有一个安心的夜晚。

03

记得大学有一天，我的微信添加讯息一栏里，突然出现了"我是爸爸"的陌生好友添加信息。

起初我还以为是谁在胡闹呢，心想我爸从来不玩微信什么的，手机对于他来说只是个通话工具，怎么可能会加我微信呢。于是，我带着好奇心顺势通过了添加验证，没想到对方立马发来一句语音，我点开一听，还真是我爸。

后来在跟我姐聊天中才知道，原来是她教会我爸玩微信的。我姐还教育我说：你不是不让爸天天打电话给你吗，他就说看身边的朋友都加了儿女的微信，可以随时看他们朋友圈的动态。

于是，他也学着玩微信，这样就不用天天打扰你，还可以知道你做了些什么。千万别把爸屏蔽了，不然他就白忙活了，学了好几个小时才会每个按钮怎么用的，玩的时候还要特意戴上老花镜才看得清呢。没事的时候多发发朋友圈让他看到，即使是吃个饭什么的也可以，这样他才放心。

我听完我姐的话，沉默不语。

自从我爸的微信在我的好友列表里以后，大学里有事没事我都会发一发朋友圈。因为我知道，我发的并非简单的文字或图片，发的是让父母在劳累了一天后，躺在床上摆弄手机时的安心。

04

不知道从什么时候起，朋友圈成了另一条父母关心我们的通道。这条通道是隐形的，因为我们看不到朋友圈访客记录，不像 QQ 空间那样，只要有人点进来，我们便能轻而易举地发现。也正因如此，父母终于可以放开手脚大大方方关心我们了，再也不怕天天打电话被嫌弃啰唆，再也不用苦苦对着手机发愁，到底什么时候打电话好？

我们的每一条动态，都时刻牵挂着他们的心。然而似乎越来越多的人不喜欢发朋友圈了，但我还是想说一句，如果你爸妈也在你的好友列表里，并且经常看你朋友圈的话，那无论如何，还是多发几条消息吧，毕竟你发的不仅仅是动态，更是你想要传达的一种生活状态。

爸妈，永远是最赶时髦的那一个人，因为他们想跟上我们的脚步，想更好地了解我们的世界。有时候，我们也该停一停前行的脚步，等一等他们，毕竟他们一直在为了能够追上我们的脚步而努力着。他们也怕电话过多而打扰到我们的生活，所以只能默默看着我们的朋友圈动态，那是他们关心我们的另一条特殊通道。

一条朋友圈动态，也是一种报平安的方式。

父母的关爱从来不受时间的约束

01

周末的早晨，一个人在出租屋客厅吃着面包，忽然从房间传来阵阵手机铃声，我脑海里瞬间闪过一个念头：最近都没买东西呀，不可能是快递。那会是谁打来的呢？匆忙走进房间，拿起手机，屏幕赫然显示着"爸爸"两个字。

我一看是我爸打过来的，不知道为什么，脑袋里突然掠过众多不安的念想，例如家里哪个亲戚生病了，爸妈工作受伤了，又或者爷爷身体变得不好了……总之就是一句话：都是不好的想法。

我爸平时是不会早晨给我打电话的，因为那时的他正在上班。大学四年下来，打电话的时间百分之九十都集中在中午或者晚上。我们俩好像对此都再熟悉不过，一旦对方偏离原本的时间打来电话，便会使另一个人心神不宁。

我对着发出刺耳响铃的手机屏幕呆看了几秒，让脑海里的念想飘散而过，滑动手机屏幕，接通了电话。直到我爸开口告诉我说没发生什么事，只是突然想问候我一声的时候，我那颗悬在半空中的心才落下来，缓缓舒了一口气，说："爸，咱们还是规定一个时间打电话吧，你这突如其来的电话，总让我觉得害怕。"我爸听完乐呵呵地笑了，说："下次按约定的时间打电话。"

其实我自己也不知道从什么时候起，习惯了我爸中午或晚上的一通电话，一旦他在其他时间打过来，我总觉得可能家里发生什么突然事件了，特别是随着近年来爷爷身体的每况愈下。

我想这是所有家里有年迈老人的人，出门在外最怕接到突如其来电话的主要原因吧。我们虽身在远方，但心却时刻系于家乡。

02

曾经听一位朋友讲过，出门在外读书，她最怕的不是听不懂室友讲方言，或者独自迷路不知去向，而是爸妈突然的来电。

她说大一那年，某天早晨在上课，当她聚精会神地盯着投影屏幕时，从抽屉里传来了手机的激烈颤抖声。她顺势掏出手机一看，是她妈妈的电话。她心想，这个点爸妈应该都在上班才对，怎么可能打电话过来呢？再说了，昨晚不是刚打过电话吗。那一刻，她对着不断抖动的手机，脑子里莫名地产生了各种不安的念头。

她慌慌张张跑出教室，滑动屏幕接通电话。不出她所料，电话那头传来了妈妈的啜泣声，妈妈告诉她，昨晚外婆在睡梦中过世了，叫她赶紧请假回家几天。

从那件事以后，她说就算和室友不合被排挤都不怕，最怕的就是爸妈大清早或者三更半夜的来电。那些电话，总让她格外慌张。

03

　　我大学有一个室友，四年下来他爸妈几乎没打过几次电话给他，这件事使我们异常诧异。其他室友隔几天都要跟爸妈讲电话聊天，唯独他从来没有跟爸妈聊天的习惯。

　　某次室友一起去吃饭，手机都放在寝室里。回来刚一推开房门，就听到他的手机铃声响了起来，他一看显示"爸爸"两个字，人瞬间愣住了，二话没说拿起手机就往门外跑，动作异常迅速。顺势把门关上，似乎怕我们听到电话内容。

　　许久，他拿着电话回到了寝室，脸上的惊讶不见了，取而代之的是浅浅的微笑，那微笑仿佛暗示着并未发生如他所想的坏事。我们问他怎么了，看到自己爸爸打电话过来竟有种吓一跳的感觉。

　　他沉吟片刻，缓缓地说："我爸妈都是农村人，本来就不怎么用手机，又怕打电话浪费钱，所以平时是不会主动给我打电话的。一旦打给我，必定是发生了什么紧急的事件。"

　　"从前就是这样，每次打电话过来，都是家里发生了什么不好的事件，要么是没钱生活了，要么是谁谁谁生病了，搞得我现在都不敢接了。幸好这次只是因为他们太久没听到我的消息，所以才打过来问候一声。"

　　"我刚看到是我爸电话的时候，脑子都乱套了，无数恐怖的消息从脑海里涌出来，无法抵挡。要是我能早点毕业赚钱就好了，以后我爸妈突然打电话过来，发生什么事我都能跟他们说一句：'没事的，我来解决。'"

　　爸妈每一个莫名的电话，都时刻牵绊着远方儿女的心。

04

经常听到有人调侃说，自己天不怕地不怕，最怕朋友突然的关心。因为那可能是要借钱了。

但其实生活中最令人害怕的不是什么朋友借钱，毕竟那是我们所能掌控的事件，往往最令人恐惧的是爸妈一个突然的来电，然后告诉你一个不幸的消息。因为那已然发生，他们只是在述说结果，你无力改变任何事情。

这些年一个人出门在外，遇到了很多困难与险阻，但从未害怕退缩过。唯独害怕的是在莫名的时间里接到爸妈突然的电话，害怕远方传来家里不好的消息。

我们真的天不怕地不怕，最怕的就是自己不在身边的时候，家里发生什么不幸的事件。因为对于出门在外的我们而言，家既是最大的盔甲，同时也是最大的软肋。我们要通过自己的努力让自己变得更加强大，当隔着电话听到爸妈失落的话语时，可以坚定地告诉他们一句：有我在呢，不用怕。

请对父母多一点耐心，再多一点耐心

01

我和几个大学好友一起吃饭，席间蓉蓉的爸爸突然打电话过来。蓉蓉接通电话，用所有人都听不懂的方言跟她爸聊了几句后，便匆忙挂断了电话。接着她一个人抱着手机，目不转睛地盯着屏幕划来划去，丝毫忘了正在吃饭的事情。我们所有人都很诧异，以为她在跟男生聊天，便打趣她，说是谁有如此魅力，能让你放着美食不管。

蓉蓉抬头看了我们一眼，才意识到被我们误会了，赶忙把手机屏幕转向我们，说："不是你们想的那样。我爸刚打电话过来，说他不小心把微信删除了。现在已经重新把软件安装上，但密码却忘了，我正在用做好的图教他如何找回密码呢。"说完，蓉蓉还把她的成果一张一张让我们浏览了一遍，问我们是否能够看懂如何找回密码。

我们看着那一张张截图，以及上面各种红色箭头加旁白标注，无不惊叹蓉蓉的细心程度以及其对父母的无限耐心。

其中有一位朋友感叹："现在像蓉蓉这样的子女很少啦，还用一张一张的图告诉爸爸如何找回密码。"蓉蓉听完后，笑着说："小时候爸妈教我们长大，现在他们老了，我们也理所应当教他们才对。不要嫌爸妈烦、嫌他们笨，以后咱们老了也一样。"

多给他们点耐心吧，犹如小时候他们对你一样。

02

记得大学隔壁宿舍有一同学小胡，平时对他爸妈的态度简直如在使唤佣人一般。每次只要他爸妈打电话过来询问什么事，他都非常不耐烦地随意敷衍，有时候还会直接挂断电话。

记得某次他在玩游戏时，他妈突然打电话过来，说在手机桌面上突然找不到某个软件了，不知道跑哪里去了。当时小胡游戏玩得正起劲，本不打算接这通电话，但铃声一直在寝室回响，吵到了其他室友的休息。无奈之下，他一手点着鼠标拉动游戏人物，一手将电话置于耳边。

当他妈说完事情后，没想到小胡突然冲电话吼了起来："哎呀，就这点事，我这边正玩游戏呢，你到应用商店里去重新下载一个就行。""什么，不知道应用商店在哪里？这样，你打给哥叫他教你，我这边正忙着呢，啊……就这样，先挂了。"挂完电话后，小胡还对着电脑来了句："不懂就不要玩手机了嘛。"

我不知道小胡妈听完儿子的话后是什么感受，但我知道，当她拨通儿子电话的那一刻，一定是满怀期待，心中充满无限信任的。

人老了以后似乎总会变得啰唆，变得笨拙，无论是行动上还是思想上。作为子女的我们，唯一能做的就是当他们需要帮助的时候，不要嫌弃他们，多给他们一点耐心。别忘了，你连走路和讲话，都是他们一遍遍不厌其烦教出来的。

03

谈起对父母的耐心，我总是想起作家龙应台的事。

龙应台在《目送》里写到，她母亲年老时得了阿尔茨海默病，即常说的老年痴呆症，经常忘记各种事情，有时候就连自己的女儿都不认识了。每次打电话，龙应台都要一遍遍地告诉母亲自己的名字，告诉母亲自己是她女儿。哪怕她明知道，第二天再打电话的时候，母亲仍会将她遗忘，但却依旧不厌其烦。

　　有时候，生活中的我们也需要像龙应台一样，多给爸妈以及年老的长辈一丝关心与耐心。

　　记得过年的时候，家里人给爷爷买了一部新手机，他老人家不识字不会用，我就在一旁一个按钮一个按钮地教他操作。单单联系人以及拨通键，就向他演示了十来次。起初我还有点厌烦，但转念一想爷爷已年过八十，又不识字，学起来肯定费劲，慢慢来吧。

　　后来的几天里，我每次进房间看他，都会瞧见他对着手机抓耳挠腮一脸疑惑，他看见我，总是会无奈地说一句："脑子不好使，又忘记怎么打电话了。"于是我便拿起手机又教了起来，就这样一次次地演示着，不久我爷爷也能畅通无阻地使用起手机了。

　　当他学会的那一刻，我看到他满脸的笑容，以及因笑而挤满额头的皱纹。我一直觉得，每个人都有年老的一天，那个时候你也会需要年轻人的照顾。因此，年轻的我们千万别再嫌弃他们没用，嫌弃他们笨拙。反而应该多给他们点耐心，多教他们点新事物，给他们的生活添加点不一样的色彩。

04

　　在你很小的时候，是他们教会你用勺子、用筷子，所以当他们老了，吃饭弄脏衣服的时候，请你不要责怪他们。

　　如果有一天，他们站也站不稳了，走也走不动了，请你一定要抓住他们的手，就如当年他们牵着你一样。如果有一天，他们不小心删除了手机里的某个软件，急匆匆打电话向你求助的时候，千万别随意敷衍了事，花点时间与耐心，帮他们解决困扰，教会他们如何操作，一如当初他们教你咿呀学语时一样。给父母多一点耐心，给他们多一份关心。每一个人都会变老，都会有需要子女照顾的时候。

家人是什么，就好像你走夜路，而他们是灯，照亮你的路，也照进你的心里，让你独自在黑暗中前行的时候不会孤单和害怕，因为你知道有人会在背后支持着你。父母，是这世界给我们的温柔以待。